U0917007

微行为心理学

张卉妍 /编著

中华工商联合出版社

图书在版编目（CIP）数据

微行为心理学 / 张卉妍编著 . -- 北京：中华工商联合出版社，2017.4（2021.6 重印）

ISBN 978-7-5158-1969-3

Ⅰ . ①微… Ⅱ . ①张… Ⅲ . ①心理学—通俗读物 Ⅳ . ① B84-49

中国版本图书馆 CIP 数据核字（2017）第 075704 号

微行为心理学

编　　著：张卉妍
责任编辑：李　瑛　袁一鸣
装帧设计：北京东方视点数据技术有限公司
责任审读：郭敬梅
责任印制：迈致红
出版发行：中华工商联合出版社有限责任公司
印　　刷：唐山富达印务有限公司
版　　次：2017 年 7 月第 1 版
印　　次：2021 年 6 月第 2 次印刷
开　　本：710mm × 1020mm　1/16
字　　数：260 千字
印　　张：16
书　　号：ISBN 978-7-5158-1969-3
定　　价：78.00 元

服务热线： 010-58301130
销售热线： 010-58302813
地址邮编： 北京市西城区西环广场 A 座
19-20 层，100044
http: //www.chgslcbs.cn
E-mail: cicap1202@sina.com（营销中心）
E-mail: gslzbs@sina.com（总编室）

前言

人生就像是一场化装舞会，每个人都用面具挡住自己的真实表情。站在你面前的人，是言为心声，还是口是心非？家人、朋友、同事、领导、客户，你觉得你很了解他们？其实每个人都会隐藏自己的内心，而这几乎是一种下意识的行为。如果你不会去从对方的行为中读懂对方的心理，就很难获得好的人际关系。

有些人可能因知识、阅历、能力等原因，能够在内心波涛汹涌的时候做到面不改色，明明很讨厌别人却可以表现出很喜欢，明明是在掩盖事实却可以让别人看不出。也许他久经沙场很会掩饰，也许他聪明机智善于装腔，但人的心理无论怎样掩饰，都会通过细微的肢体语言表现出来，这种肢体语言包括表情、动作两个方面，合称为微行为，是人自己无法控制的，更是装不出来的。殊不知，秘密就藏在这些小动作里！

在日常生活中，微行为对我们非常重要。如果我们错误地理解其含义，会让我们对交流对象形成错误的判断，这无疑增加了人们之间的隔阂，而不是相互信任；如果正确理解了其含义，我们就能够从他人一闪而过的表情信号里发现有价值的信息，以此来准确地识别他人。这样，我们不但可以通过对方的面部表情、身体动作和语言变化等线索来识破对方的谎言，同时也可以了解对方的真实想法与目的。

在小型聚会上，通过对方吸烟的姿势，你能看出对方的性格吗？在工作时，看到老板的一个小动作，你知道他在想什么吗？在见客户时，对方皱了一下眉，你觉得他想表达什么意思吗？在和恋人相处时，你怎样用身体语言来展示自己的优势？当你掌握了人类的各种微行为之后，你会发现，认识人、研究人、了解人是一件非常有趣的事情。对方的种种小动作，只是为了让你了解他；对方的种种掩饰，只是为了让你更加明白他在想什么。摘下他们的面具，看透他们的心声，一切秘密将尽收眼底。

在这个纷繁复杂、瞬息万变的现代社会中，我们随时都要与他人进行沟通和交往。而在这个过程中，我们必须要面对人生的考验和灵魂的洗礼，接受各种挑战。本书收集了各种微行为概念，并结合实际案例加以说明，教你从面部表情、言谈举止、衣着打扮、生活习惯和兴趣爱好等方面捕捉、分析、判断他人。渐渐地你就会发现，读懂人心、识破谎言不再是难事。通过本书，你将得到一双识人的慧眼、一把度人的尺度，让你灵活运用微行为的相关知识，从体态上辨认人的性格，从谈吐中推断人的修养，从习惯中观察人的心理，从细微处洞悉人的气质，进而让你在职场、商场、情场等各种场合中左右逢源、运筹帷幄，游刃有余!

接下来你要做的，就是熟练地掌握这些内容，并且把它应用到生活实践中。从现在开始，静下心来读这本书吧。用不了多久你就会发现，不管是什么人，都逃不出你的“法眼”。

目录

第一章
你可以一眼洞穿人心：性格与情绪辨别

注视背后的秘密

目光的凝视常常会包含很多内容，对某一具体事物或人物的注视可以证明他对其感兴趣，也可以表示对他们的关注。当然，这种关注既包括积极的，也包括消极的，例如一个人直视另一个人时，我们可以把这种注视理解为一方对另一方的威胁与管制，甚至是憎恨。相爱的人之间也常常会彼此注视，这种注视通常是表现一种亲昵的关系，亲人之间也会这样，例如在母亲与孩子之间。

有另一种可能性，当人们在谈话时，一方将视线移开并向远方注视时，说明他在独立思考另一些事情，而此时，他不希望受到对方的干扰和影响。但是，从另一方的角度来讲，这样的行为又有些不够礼貌，对方的行为会让他觉得受到了漠视和拒绝。

其实，在交谈过程中，一方将视线移向别处，仅仅是将思路集中，争取语言流畅表达的潜意识动作，并非真正的不尊重对方。这时，移开视线、注视远方的那一方，没有意识到来自对方的任何消极信号，从而不会在意对方的这种感受。

因此，如果我们在与人交谈的过程中遇到这样的情况，大可不必在意，因为仅凭他注视远方这一点，我们不能断定他是在漠视你的观点。

而在人们交谈的过程中，占据支配地位的人能够更自由地注视任何地方。因为，从常理出发，支配者常常不会在意被支配者的情感和想法，而受支配的人又常常不敢肆意移动目光，以避免造成不必要的麻烦。换句话说，地位较高或拥有一定权力的人可以漠视一切，因此注视的目光可以不受限制。

处于被动地位的人也可以通过不断注视的目光唤起他人的注意，从而在取得关注的情况下获得表现自我的优势和机会。

在课堂上，学生想要回答问题或表达想法，但又没有足够的勇气举手示意，就会不断地注视老师，以引起老师的注意。相反地，如果学生不愿回答问题，则会将头深深地低下，不敢去看扫视全班同学的老师的目光。

吐出舌尖代表侥幸成功

当人们做错事或者发现自己正在做一件本不应该做的事情的时候，常常会下意识地将舌尖微微吐出。小孩子犯了错误被责备或者意识到自己的错误时，常常会吐出舌尖，走街串巷的小商贩、牌桌上或者警察局的审讯室里这种表情也经常出现。这个动作属于一种沟通行为，是社交活动完成后下意识流露的表情，通常表达露馅了、侥幸得逞或暗自庆幸等情感和心态。这一动作的潜台词有很多种，根据情境不同而改变，例如："哎呀，这下完蛋了"，"哎呀，被抓住了"，"我做了件蠢事"，"没想到竟然成功了"，"咦，竟然被我逃脱了"等。

比如在体育课上时常能见到这种情况，轮到你投球了，可是你很担心："篮筐那么高，我一点基础都没有，技术那么差，能投进去吗?"你胡乱投了出去，结果篮球却乖乖地落进了篮筐。这个时候你往往会一伸脖子吐出舌尖："我只是瞎投的，没想到真的投进了，真是太侥幸了!"

值得注意的是，在社交场合或商务活动中，双方的谈话结束时，如果其中一方觉得刚刚在谈判中自己侥幸做成了一件事，而另外一方又没有发现或者追究，侥幸成功的那一方就有可能做出露出舌尖的动作。如果看到这种表情，一定要仔细回想一下刚才会谈的过程，是不是发生了什么事情，判断一下自己有没有被对方愚弄和欺骗了，又或者是否有人在这段时间内做错了事情。这一点非常重要，可以依此判断自己是不是被对方暗算了。

吐出舌尖也是一种顽皮的表现，小孩子或是年纪较轻的晚辈在同长辈交谈时，有时也会吐出舌尖，表现出一种可爱、天真的性格，有时也是撒娇的象征，通常在关系较为亲昵的亲人、恋人或朋友之间较为常见。

同样的咂嘴，不同的含义

在日常交往中，常常会出现这样的情况，同样的肢体语言和同样的态势语在不同的语境中可以表现完全相反的含义。咂嘴这个动作在日常生活中就十分常见，它可以根据不同的语言环境表达多种含义和感情。

最常见的咂嘴应该是在品尝到美味的时候，这是舌头上的味蕾受到某种味道的刺激而出现的，这时咂嘴多半是对食物味道的肯定和赞叹，证明刚入口的东西给自己的身心带来了享受。

有一个细节可以说明这一点，饮酒的人，尤其是喝到了高品质的酒时，常常会先咂嘴，然后对酒大肆赞叹：“好酒！好酒！”当我们看见某件精美的、珍稀的或是令人愉悦的物品时，也会咂咂嘴巴，以示感叹和惊讶，这就是人们常说的“啧啧称奇”。

然而，咂嘴有时可以表现完全相反的含义，例如厌倦、烦躁、不满意等。在生活中，当有人在你面前口若悬河地讲个不停，既影响思路，又耽误大家的时间，让你忍无可忍时，你会向那个人投以不耐烦的目光，同时咂嘴，这样，他就会明白你的意思是要他立即停止。当你面对一项很复杂的任务，不知该如何下手时，也会不自觉地咂一下嘴巴，这时，咂嘴是在表示烦躁不安。

当你将辛苦多日或是熬夜完成的策划递到老板面前时，经过一段可怕的沉默，你可能听不见任何话语，而只能听见老板咂嘴的声音，这时你就需要通过老板的眼神、表情等判断他是否满意。如果是边咂嘴边点头，眼睛睁得很大，那么恭喜你，你的方案一定能通过；如果老板在咂嘴时皱了眉头，眼神中有困惑，你就要想好应对措施了，老板对你的策划可能不够满意哦。不过不用担心，他并没有完全否决，否则他早就暴跳如雷了。

天真的托腮

在电视屏幕或是平面广告上，我们经常看到这样的图片或画面，一个小女孩，双手托腮，面带笑容，眼神灵动，像是在思考着什么，又像是在冲着面前的人撒娇，样子充满童趣，十分可爱。托腮的动作并不仅仅只有小女孩才会做，成年人在陷入沉思的时候，也会用双手撑住头部，做出托腮的动作。

成人在专注地思考某件事情时，尤其是毫无边界地幻想时，眼神常常是呆呆地盯着一个具体的点，目光空洞，面部表情凝固，双手或单手的手腕放在下巴处，撑住头部的重量。这时，这个人思考的事情有可能是天南海北不着边际的，这就是所谓的幻想。托腮的姿势仿佛是他为自己不切实际的幻想找了一个现实的着陆点，从而显得不那么缥缈。当然，这只是一种象征的行为，并非所有托腮的姿势都表示漫无目的的思考，有时，双手或单手托腮是沉浸在悲伤或沮丧中。

在现实生活中，我们常常被心事或烦扰所累，整个人都会变得无精打采，托腮仿佛是在为自己寻找一个可以依靠的支点，以此来填补内心世界的空虚和无助。

有时，我们在聆听别人说话的时候，也会做出托腮的姿势，这也有两种情况：其一，对方所讲的内容具有很强的吸引力，十分引人入胜；其二，恰恰相反，我们所听到的内容对我们来说枯燥无味，根本无法引起我们的兴趣，甚至对此有些反感，我们也会用手托腮，这时，说话者的声音已经难以进入我们的耳朵，我们开始陷入自己的思考，这就仿佛在对讲话者说："停止你的讲述吧，我们已经走神了。"

性感的下巴

下巴对脸部轮廓的塑造非常重要，女性的下巴常常可以显示性感和美貌，男性的下巴可以显示男性的俊朗与阳刚。下巴虽然没有表情达意的功能，不能像眼神一样表达感情，但是我们一样可以从下巴的变化判断说话者的性格和心理。

通常看来，说话时将下巴抬高，并且随着话语的内容和语气的变化不断调整高度的人大多较为开朗，为人直率，不会隐藏小心思，待人坦诚，并且表情比较丰富，很喜欢在公众面前讲话，喜欢成为焦点，也喜欢和大家交流，还愿意尝试新鲜事物，敢于冒险，有较强的进取心和斗志。但是这样的人不擅长阿谀奉承，有属于自己的骄傲，不会因为对方态度强硬或地位显赫就随便低头。

有的人说话的时候会把下巴压得很低并尽量靠内，这种人常常有些自闭或自卑，对外界有着较强的戒备心理，控制局面的能力很差，也十分害怕被别人瞧不起，否则就会变得十分急躁，很容易愤怒。但这样的人自我意识很强，为人处世有自己的原则和标准，不会轻易改变自己的计划。

相对比较折中的人在说话时，会根据对方的语气变化和动作语言适当调整自己下巴的位置，通常情况下是使自己的下巴根据说话者的头部位置的变化而做出调整。这样的人一般来说都比较随和，能够做到尊重别人，也十分注意对方的感受，能有效地控制自己的情绪，不会随意乱发脾气，处事有条有理，不紧不慢。但有时会过于随波逐流，对自己的坚持没有足够的信心，不能独立控制局面，总想依赖他人，在困难或自己难以驾驭的事情面前往往会选择逃避。

女人微笑的次数比男人多很多

美国波士顿大学的心理学教授做过一个调查，在社交场合中，女性微笑的频率要远高于男性。不苟言笑的、严肃的男性在很多时候都更像个决策者或政治家，而经常微笑的女性则常常给人以柔美的、温和的印象，不会让人想起冷酷的政治和权力，因此男性的社会地位通常要高于女性，这也从一方面促成男女社会性别差异导致社会地位不平等的问题。据说早在婴儿出生 8 周的时候，女婴笑的次数就远远多于男婴。或许正是因此，女性在抚育儿童时需要一种柔美的、毫无压力的方式，而非男性的刚烈的、令人生畏的角色。

同时，笑容也会在无形中为女性的容貌加分，增添女性的魅力。加州大学的一位社会心理学教授做过一个实验，她要求两百多名参与者看15张不同表情的女性照片，并对这15个表情分别做出不同程度的魅力评判，这些表情均是表现人们日常生活中遇到的最常见的情景的反映，如欢乐、悲伤、忧愁、哭泣、严肃、面无表情等。

实验结果显示，只有微笑的表情被认为是最具有魅力的，愁苦和哭泣都会使看照片的人产生不愉快的感觉，因此他们会迅速转移开视线。相反的，实验的参与者会将视线停留在带有笑容的照片上，并很可能无意识地随着他所看到的照片中的笑容一起露出笑容。而其余的表情都会被视为是不开心的表现，即使是面无表情。而当男性的面部没有明显的表情时，则会被理解为理性的、慎重的，甚至是有身份的。

因此，女性需要根据不同的环境和场合有意识地控制和判断自己的微笑次数和笑容，在与具有一定权力地位的男性交往或自己处于领导地位在向下属发号施令时，女性可以将自己的微笑次数减少，以此来增加自己的身份感和权威性。而平时，则完全不必要收敛笑容，因为笑容可以为你的美丽加分。

不同微笑，不同秘密

微笑有好多种，不同的人有着不同的微笑习惯，这既受到性格的影响，也受到心态的影响，但无论哪种微笑，其背后都有巨大的可挖掘资源。1806年，解剖学家贝尔提出一个科学论断，那就是，微笑可以传达一千多种不同的意义。在日常生活中，常见的微笑也可以表示和象征不同的情绪和心理状态，表达不同基调的情绪，例如开心、满足、激动、惊喜的积极情绪，或是表达蔑视、无奈、气愤等消极的情绪。笑容还有真假之分，既可以是发自肺腑的真诚的笑，也可以是言不由衷的虚伪的笑。我们可以通过分析不同笑容之间的微妙差异来分析和了解一个人的内心世界。

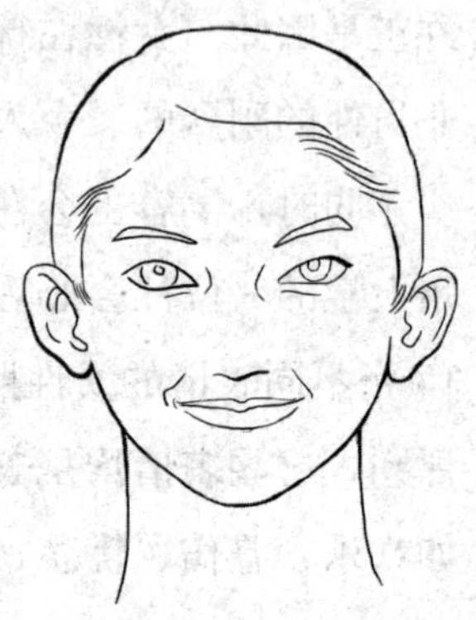
虚伪笑容难逃法眼

开怀大笑常常是一种令人喜悦的笑的方式，不仅是发笑者喜悦的表达，也会给身边的人带来轻松的氛围。经常开怀大笑的人心胸坦荡，性格开朗大方，不拘小节，带人真诚直率，很受欢迎。而女性有时为了表现矜持和优雅，会选择在微笑时用手轻轻捂嘴，或是用外物做出遮住嘴巴的动作，这样的女性大多性格比较温柔内向、十分注重场合和自己的形象，同时对外界的戒备心理相对较强，不愿意过分显露自己的性格。

抿嘴微笑的人则带有更为明显的戒备心理，他们在微笑时，将双唇紧闭，嘴角向后拉伸，颊肌有控制地绷紧，使唇部形成一条直线。在排除微笑者因自己的牙齿或嘴型不够好看而有意掩饰的情况，带有这种微笑的人实际上很难接触，对所有的新鲜事物和陌生人都会慎重斟酌，十分吝啬表现自己，也不愿与人分享自己的想法或观点。有很多时候，这种微笑用来表达委婉的拒绝和不愿透露的情况。

奇怪的微笑

都说笑容是世界上最美的表情，然而实际上并非如此，有些笑容因为并非发自内心而显得十分奇怪，甚至会因为面部肌肉的不自然而显得有些难看；而有的笑容则可以表现另一种信号。

人们在歪着脸微笑时，因为左右两侧不对称而使得脸部肌肉出现扭曲，两侧脸庞处在刚好相反的状态，一侧脸颧肌向上收缩，眼部微微眯着，这一侧的眉毛上扬，呈现出一种与微笑较为接近的表情；而眉头则会紧皱，另一侧脸部表情比较僵硬，嘴角下撇，面部整体呈现出一种相对痛苦的表情。这一般是由于尴尬、难以抉择、为难、害怕等情境造成的。在这种情况下，人们意识到自己的表情应该受到控制来配合对方，另一方面自己又十分为难，另一侧脸则会忠实于主体内心的感受，因此两侧面部表情不够协调。

通常情况下的微笑，眼神真诚而平静。而当视线移向侧面，斜着眼睛微笑时，则会被认为是一种有意图的隐藏了秘密的笑。男性斜眼微笑多用在挑逗异性时，而女性的斜眼微笑则平添了几分天真和俏皮，同时还有一些腼腆和娇羞，常常会使被注视的男性爆发出蓬勃的保护欲和勇气，迷人的戴安娜王妃就惯用这样的笑容。

而当我们内心毫无欢乐喜悦之感，却因受到环境和场合的影响不得不笑时，常常会采用皮笑肉不笑敷衍一下，这种笑容也被称为“假微笑”。假微笑时，只有嘴角微微上翘，眼神则暗淡无光，还会有几分疲惫之感，保持的时间也十分短暂，只要多加关注，就能顺利分辨真假笑容。

但生活中很多场合都需要我们配合笑容，因此很多人都会假笑，这并不是一种欺骗，而是维持正常社交活动的必要手段，没有必要深入追究。

手臂动作的情感体现

手臂动作的幅度可以真实反映一个人的心态和情绪。根据心情的积极与消极主要体现为活跃型的手臂动作和压抑型的手臂动作。当人心情愉悦、心满意足时，手臂动作的幅度就较大，动作舒展自由，不受限制。当人内心高兴时，手臂就容易摆脱重力的束缚。小孩子们在尽情玩耍时手臂总是非常灵活的，做出各种各样的动作。而足球运动员在射门得分后往往也会将双臂高高举起，自由挥舞充分表现自己的喜悦和兴奋。在遇见久别重逢的老友时我们会张开双臂，父母见到儿女向自己跑来也会张开双臂，这样热情、积极、完全开放的手臂动作表现出一种非常喜悦、积极的感情。

消极的情绪之下手臂动作就会受到不自觉地限制，畏畏缩缩。比如一个人犯了错误，他的手臂和肩膀都会明显地下垂，这是大脑对消极事件的反应。而劳累了一天的人回到家中时，双手一般都无精打采地耷拉着，肩膀也跟着下沉，可以看出他一天的辛苦操劳。

消极的情绪会使人收回手臂，比如受到伤害、威胁，或者感到焦虑时，手臂就会垂在身体两侧或者紧抱在胸前。这是一种自我防护的动作，例如在争执中双方都会不自觉地收回手臂，这是为了抑制自己的身体，以免引起冲突，使自己受到伤害。在身体某部位受伤或疼痛时人们也会收回手臂，使手臂缩到感到难受的部位，例如胃痛时我们的手臂就会收到腹部去安慰那里的疼痛。在儿童受到虐待时，常常会出现手臂冻结的现象，儿童认为自己的动作越多，越容易引起注意，就越有可能受到伤害。因此他们会有意的限制手臂，从而起到自我保护的作用。与儿童的这种心理相似，扒手在偷窃时一般也会控制自己的手臂，尽量减少手臂的动作以避免引起更多的注意。

手势表露自信程度

几种手部的动作能够反应一个人的舒适和满意程度，体现出他是否对自己有十足的信心。

首先，最常见的自信手势就是尖塔式手势，这个动作双手手指分开，十指轻靠在一起，但手掌不接触，手的形状就像教堂的塔尖，所以叫作“尖塔式手势”。作出尖塔式手势的人一般对自己的想法或地位十分自信，职位较高的人习惯于做这个动作。

研究发现，尖塔姿势的位置越高，这个人的自信程度也就越高，一般职位高的人比职位低的人的尖塔手势要更高。在法庭中证人作证时使用这种手势来强调自己对所说的话有十足的信心，从而赢得法官和陪审团的信任。而交叉或紧扣的双手则会让人觉得紧张，甚至有可能认为证人在说谎。

其次，竖起拇指也是高度自信的体现。这种动作还与一个人的地位高低有关，一些地位高的人，例如总统、律师、教授、医生等人通常会在把手插进口袋里或整理衣领的时候把拇指露在外面。拇指高高竖起的人说明他们对自己的评价较高，或者对自己的现状感到自信和满意，表达着积极的情感。相反，拇指放进口袋里而其他手指露在外面则是自信度低的表现，或者说明这个人地位较低。

手指的动作非常灵活，在情绪改变时会及时地做出相应的变化。比如一个演讲者在开始时十分自信，并用尖塔式加以强调，但当有人指出他演讲中的一个错误时，演讲者就立刻把拇指伸进口袋了。

自信度低的人手部动作则表现为双手冻结、十指紧扣、搓手和抚摸颈部等。这些动作和体现自信的手势相反，体现出一个人对现在的状态感到不舒适、没有安全感和缺乏信心。对自己所说的话信心不足的人会减少手部的动作，手势一般比较拘谨、不自然。十指紧扣可以表现出一个人的心理十分紧张、感到有压力，这是一种自我安慰的行为，有点像在祈祷，说明这个人对自己的所作所为缺乏信心。搓手与之类似，也有一种安慰的效果，随着压力的增大，摩擦双手的幅度和力度也会加大。

握手时的站姿

握手时，你保持什么样的站姿也会对握手产生的效果进行一定程度的影响，并能对握手时形成的双方关系进行补救或改变。

如果有人在与你握手时，让你清晰地感觉到了一种控制欲，并且他的这种举动具有相当成分的故意性，是在明显地向你示威，而你又不便在握手时发力，将气氛搞僵，那么你可以通过稍微调整站姿来改变自己的处境，化解对方的戾气，取得与之平等的地位。

据调查，在通常情况下，如果对方先伸出手，主动发出握手邀请，在伸手回应对方的同时，90%的人会十分自然地先迈出左脚，这几乎是一种无意识的行为，因为这样会显得身体较为协调。而要想改变自己的被动处境，你需要在保持手掌的姿势的同时，紧接着迈出自己的右脚，这样，你的整个身体就可以向前移动，从而进入对方身体控制的领域，而这时，你的左脚也跟着迈上来，身体保持了足够平衡。

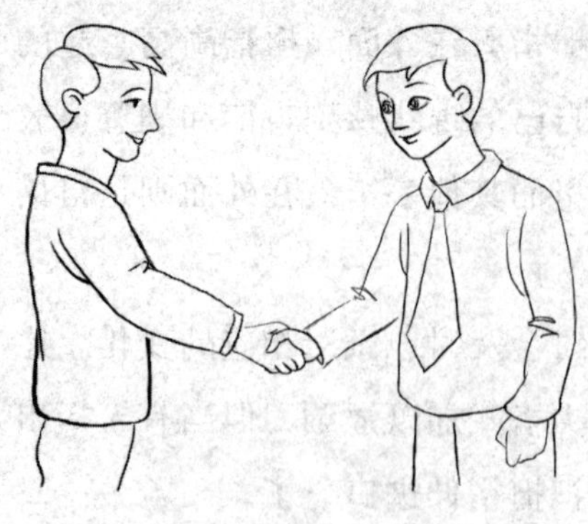

握手，显露出性格的蛛丝马迹

这样一来，对方的手臂不得不微微向内缩，他在手掌或手臂上获得的优势就被你所占据的地面优势削弱，对方就可以清晰地感受到你的气场了，同时也明白了你的意图，从而不敢“轻举妄动”了。

在领导人握手时，通常需要并肩站立，这时，面对媒体镜头时，领导人们当然不希望对方的气场大过自己。而通常看来，站在画面左侧的那一位会更加轻松地展现出自己的气场，这正是因为，画面左侧的人，右手手背在外，控制对方的手掌时较为顺畅和自然，而画面右侧的人则不能有明显的反抗动作，否则动作幅度会十分明显。1960 年，美国总统肯尼迪在竞选时就占据了左侧的优势地位，从而迫使对手居于弱势地位。

坐姿表露性格

心理学专家认为，坐姿可以显露出一个人的性格。总体来说坐姿大致可分为八种类型，每一种类型都显露出了不同的人格特征。

第一种为“自信型”：左腿放在右腿上，双手搭在腿的两侧。持这种坐姿的人一般自信心较强，对自己的看法非常坚持，很有才华，但成功时容易得意忘形。

第二种为“温顺型”：两腿和两脚紧紧并拢，两只手端正地放在膝盖上。这样的人性格比较内向，感情较矜持冷静，善于替他人着想，在工作上踏实沉稳，会为了实现梦想而努力奋斗。

第三种为“古板型”：两腿贴紧，双手放于大腿两侧。这种人行为古板，不善于听取他人的意见，缺乏耐心，他们凡事追求完美，但又缺少实干精神，反而经常遭到失败。

第四种为“羞怯型”：膝盖并拢，小腿分成“八”字形状，两手合掌，放在两膝之间。这种人极易害羞，害怕交际。他们是保守的代表，观点一成不变，容易因循守旧。爱情观非常传统，易受家庭和社会观念的影响。

第五种为“坚毅型”：大腿分开，两脚并拢，手放在腹部。这种坐姿的男人一般比较有男子气概，行事果断。在爱情中会积极向喜欢的人表明自己的感情，但占有欲强烈，喜欢干涉对方的生活。在工作中，这种人争强好胜，喜欢领导和控制他人。

第六种为“放荡型”：两腿分开较远，手随意摆放。这种人喜欢新奇事物，不满足做普通人，喜欢标新立异。在人际关系方面，他们亲切随和，人缘很好。但有时他们轻浮的举止会给周围的亲人朋友带来一定的困扰。

第七种为“冷漠型”：右腿放在左腿上，小腿贴近，手放在腿上。这种人初看会给人一种容易亲近的印象，但事实正好相反，他们对人一般比较冷漠。

第八种为“悠闲型”：半躺在椅子上，双手抱在头后。这种人看上去就给人一种悠闲自得的感觉，他们一般性格随和，善于与各种人相处。这类人适应能力很强，有很强的毅力，在职业上较易获得成功。但他们视金钱如粪土，喜欢挥霍钱财。

选择坐势角度，掌握主动权

在交谈时，交谈者之间身体所形成的角度对他们之间所形成的地位关系有着积极的影响。在交往中熟练掌握并运用这种角度会大大提升我们的交际能力。

与交谈者呈三角形坐势，可以营造出一种随意、轻松、不拘小节的氛围，比较适用于劝导类型的谈话。在这种角度之下，你还可以特意模仿对方的手势和动作，对方则会感觉到你对他是出于善意，从而放松紧张感和戒备心，使交谈更加和谐融洽。

与对方直接面对面的正视坐势，会使交谈者感到一种压迫感，好像受到了威胁，适合需要向对方施加压力或进行威胁的谈话。例如在审问中，你向对方提出了一个问题，而他回答得吞吞吐吐，你就可以立刻转过来正视着他，直面逼问："你说的都是实话吗？"方向的突然变动加上逼问的声音，对方就会感到一种压力，从而有可能在这种威胁下说出真话。

同交谈者呈直角的坐势意味着转移了压力点，在探寻微妙的或者不好直接开口的问题时可以采用这种坐势。身体呈这种角度时，交谈双方没有面对面的眼神接触，从而使对方放松警惕感、减轻思想上的负担，能够比较轻松自如地说出平时难以说出口的话。想要同一个人融洽地交谈时，可以选用第一种三角形坐势；如果想向对方施加压力，则要直接转向对方采用正视坐势；想要对方说出平时不好说出口的话，选择第三种直角坐势会有所帮助。

日常生活中随处可见的"坐"并非一件简单的小事，从一个人坐下时的动作到坐在椅子上身体、腿脚、手臂摆放的姿势，再到交谈中不同的身体角度，往往都能体现出一个人的内在心理。善于观察、利用这些坐姿，能够使我们在交际场合中掌握更大的主动权。

站姿显露性格特征

每个人的站立姿势都不尽相同，不同的站姿可以体现出一个人不同的性格特点。经心理学家的研究分析，总结出以下几种明显的特点：

首先，站立时双手插在裤子口袋里的人一般城府较深，不喜欢表露自己的情绪，性格内向保守。做事时非常警觉，不会轻易相信他人。

而站立时双手放在臀部的人则比较自主，做事认真负责，绝不会敷衍了事，拥有驾驭一切的能力。但他们同时也有过于主观、顽固不化的缺点。

如果站立时双手叠放于身前，那么这样的人性格坚强不屈，不向困难和压力轻易低头。但是这种人过分注重个人得失，与人交往时往往摆出自我防护的姿态，对人冷漠提防，让他人觉得难以接近。

站立时两手在背后相握的人一般有极强的责任感，尊重权威，遵纪守法。他们还很有耐性，并且较容易接受新观点和新思想。但这种人有时候情绪会出现不稳定，给别人一种难以把握的感觉。

站立时把一只手放在裤袋里，而另一只手放在一旁的人，则性格复杂而且多变，有的时候亲切友善，乐于与人相处，对他人甚至推心置腹；但有的时候却为人冷漠，处处提防他人，拒人于千里之外。身边的朋友和亲人都把握不住他们的性格，觉得他们莫名其妙。

站立时交叉放于胸前的人表现出的状态为胸有成竹，对自己做的事情充满了成就感，有着十足的信心，对未来也踌躇满志。

站立时双脚合拢，手垂在身体两侧的人比较诚实可靠，比较循规蹈矩，这种人往往个性坚毅，不轻易向困难低头。

站立时不能保持一个姿势，而是不停变换站姿的人一般内心焦躁不安，性格暴躁，心理状态比较紧张。这种人通常思想观念非常活跃，喜欢接受各种新鲜的思想，乐于迎接新的挑战，是典型的行动派。

眼睛是透视心灵的窗口

“眼睛是心灵的窗口。”这句话人人都很熟悉，眼睛是人最容易流露出情绪的地方，所以在人际交往中，我们也最常通过眼神来判断一个人心理的活动。但并不是每个人都了解这种方法的原理或者并不能熟练地掌握。从生理角度来讲，人体的疼痛、疾病等都会引起眼睛的变化，而喜怒哀乐等情绪也会反映到人的眼睛上，眼睛是人的面部表达出感情最丰富的地方。据科学统计表明，九成以上的信息都是通过眼睛获得的，同样，人类内心的大量信息也是从眼睛泄露出去的。

观察一个人，没有比观察这个人的眼睛更直接更准确的了。眼神透露出了一个人的内心，眼睛不会掩盖内心的事实，如果一个人为人正直、心胸宽广，他的眼神就会清澈而坦荡；而一个虚伪、心胸狭窄的小人，眼神则显得阴险狡诈。志向高远的人则会眼光坚定执着，轻薄肤浅的人眼神则漂浮不定。性格内向克己的人眼神也内敛，高傲自大的人自会目中无人。学识渊博的人眼神中会透出睿智，而不学无术的人则眼睛空洞无物。

眼睛传递的非语言信息

作为人体器官，眼睛还可以透露出人的精神状态。身体感到疲乏的人，眼睛就会目光呆滞、暗淡无光、乏力无味。而精力充沛而又乐观向上的人，眼睛则会炯炯有神、眼光明亮、活泼灵动，充满生机。乐观的人眼睛常常充满笑容，显得和善亲切；而消极悲观的人，眼睛则低垂，不喜欢抬头直视别人的目光。

眼神也是判断一个人是否诚实的主要方法，诚实的人眼神坚定、踏实沉稳、坦率直接；而说谎的人则眼神游离不定、目光下垂不敢直视别人的眼睛。

德国心理学家赛因曾说过：眼睛是了解一个人最好的工具。通过长时间的细致观察和训练，就可以熟练地捕捉人们复杂多变的眼神，从而透视对方的内心。

第二章 信心的对抗：重视与轻视

不屑代表着对其轻视

当人们对某种东西不重视，对其表示轻视的时候，会表现出不屑的态度，因为这时候的内心有一种强烈的自信感和优越感，觉得自己要完成这样一件事或者要做得比“目标事物”更加优秀是轻而易举的。而当对一个人轻视时表现出的不屑则是对这个人做的事情质疑或者是“看都不看一眼”。我们经常可以在一些有关职场的电视剧里看见这样的镜头，资深的职场人对职场新人做出来的策划书表示不屑，当职场新人把做的策划书给资深的职场人审阅时，或者向其讨教时，资深的职场人会做出这样的反应，让新人把策划书放在其桌子上，等自己有时间再看；或者是草草看了看，没有给出什么意见，或者是不认同这个策划书。当领导表扬新人做得不错时，他们还会说：“这有什么，但凡是个大学毕业的人都会做”之类的话语。

通过这样的轻视行为，我们可以看出这类“资深职场人”不大好的心态，会带着架子去处理那些“轻视的人、事”，总觉得自己才是权威和厉害的，当然，这么做新人肯定不敢说什么，但长此以往，对自己肯定是不行的，一方面骄傲了，没有不断提高自己，总有一天会让人赶上；另一方面这样的为人处世肯定会给人留下不好的印象。有这么一句话，山水有相逢，你怎么敢肯定，哪一天你要有求于这个被你轻视的人呢？到时候人家应该怎么对你呢？

轻视时会不自觉地皱眉头

有一些人在轻视别人的时候不是像前面讲的直接的冷嘲热讽，他们会尽量克制自己的内心情绪，但当那个轻视的人说话的时候，他们还是有一个不自觉的动作表现在脸上，就是迅速地皱一下眉头。而且这个皱的过程是盯着那个被轻视的人，而当皱完之后也会把头部转到另一个方向，目光也会离开说话者。

此外，这种人在这个时候还会把耳朵竖起来，听一听周围的人对那个说话者的评价，如果听到别人也是给出负面的、与自己想的一样的评价时，他就会让自己的眉头舒展开来，嘴角也会微微上扬。他这个时候的想法是："我说的没错吧，原来群众的眼睛是雪亮的，这个人真的是不怎么样，不值得去关注。"

这样的场景依旧常见于职场，特别是在一些高层会议上，各部门领导坐在桌子的两边，各自汇报自己的工作进度以及项目进度，但往往双方的意见很难达到一个完全的统一，而且坐着的人有一个人对着说话的那个人会出现皱眉头的现象，等到自己讲的时候就会提高自己的声音，并用自己的目光直视那个被自己轻视的人，以显示自己的地位和自信。

而在生活中我们也可以从特定的场景和他人的表情看出对方是在重视自己或者轻视自己，但这种轻视也有可能是担心被超越而做出的表现。

随意的坐姿表示轻视

在正式的场合，懒散的坐姿会带给对方不认真的印象，跷二郎腿是被认为不恭敬或者缺乏教养。无论其他方面多讲究，坐姿不端正可能会被全盘否定。如果谈话中我们身体往后靠着椅子，手脚自然地伸开，腿翘着，手臂懒洋洋地搁在把手上，眼光带着不耐烦，那么传递给别人的信息就是："我不想再谈下去了，你可以不必继续讲，这个谈话对我没有任何作用。"这种心不在焉的姿势无疑是缺乏教养、傲慢的表现。

此种坐姿被认为不恭敬

坐定后小腿呈现出倒 V 字形摆放，并不受控制一样的抖动，吊儿郎当的坐姿也传达轻视对方的信息，让人家觉得你对会面已经很不耐烦了。跷着二郎腿，两手在胸前交叉，收缩着肩膀，说明你对他所说的话题根本不感兴趣。

这种坐姿表示拒绝和冷战的态度

还有一些坐姿要注意，就是坐下后头靠在座位的靠背上，或者低头注视地面；身体歪歪倒倒，前俯后仰，倒向一侧；又或者双臂交叉，双手不停地摆弄身边的东西，反复地做小动作；其他的比如脚尖指向对方，双手抱着腿或者手夹腿间不停摇晃，上身趴伏等。这些坐姿在商务交往中都会给人放肆嚣张的感觉，让人觉得你不尊重他，不在乎现在的交流。

在非正式的场合也许还不太明显，但是正式的场合中，如果是采取上述的几种坐姿来与对方交流，那么这场会面肯定很难达到原来预定的目的。轻则只是引起对方的反感，重则谈判破裂，交易失败。即使其他方面准备得再充分，条件再优越，还是不如“诚意”两个字来得重要。

低头摇头耸肩且双唇下弯表示鄙视

摇头是代表否定最直接的肢体语言，虽然比起直接用语言否定，这种头部动作已经是比较委婉表达情感的方式，更容易被接受。但是它在各种肢体语言里，却是否定程度最大的。当我们的谈话进行到一半时，如果对方突然低下头后摇摇头，即使他不说话，我们还是会马上就察觉到气氛的变化。头部集中了最全面的表情器官，是所有关注、观察身体语言的起点。低头是一种拒绝的姿态，表示对话题没兴趣或者不认同，在正式场合的交往中，低头是非常不受欢迎的身体语言。

交谈中面部是视线的焦点，对方的反应与心理变化都会通过面部表情适度地表现出来。多数情况下，面部表情与内心的感受是吻合的。一个细微的表情可以让你察觉到对方内心微妙的变化，甚至会改变双方相处的气氛。而伴随摇头有双唇下弯的面部表情，则带有挖苦、嘲讽的感觉，表示对你跟他说的事情有点鄙视。比如你在跟领导汇报工作时，他一边听着你说，眼睛却没有直视你，而是低着头看着地板，时不时轻轻摇下头或者边摇头边抿一抿双唇，如果再加上耸肩的话，那么他就是在告诉你：“这个工作你完成得不好，这么简单的事情你居然做成这个样子。”这些肢体语言都是在传达漠视的信息。当我们在交流中遇到这种肢体语言的暗示的时候，就要注意，留心是否该改变谈判策略，或者改变交谈的话题了。

攻击性的反驳表示鄙视

反驳有很多方式，有技巧的反驳能促进面谈成功，但是弄巧成拙的反驳会让对方觉得你不尊重他，在鄙视他。

一般来讲反驳都带有不认同、轻视的心理。有技巧的反驳是让对方自己推翻自己，自己去找证据，不对在哪里，比如提问："这个的可行性高吗?"这样留了台阶给对方下，还留给对方面子，只是否定不认同而已。他们会留心听别人的发言，为的是找反感的漏洞，但是一定是等别人都发表完意见了，才会去提问。

如果对方就问题都能很好地答复的话，他们一般是心服口服不带任何鄙视情绪的。但如果是从心里瞧不起对方，什么事都直接反驳一番，那就带有鄙视的情绪了。比如还没等对方说完就直接打断他说："你不用说了，这个没用，是不可行的。"或者用手做停止的手势示意对方住口，这个是很不重视对方的表现。

从打断对方的发言，到不顾对方感受发表自己的看法，甚至用一些攻击性比较强的字眼来证明对方是不对的，是比自己弱的。而且咄咄逼人，对方说什么他就马上反驳，好像不把对方说得哑口无言就誓不罢休一样。那么这种反驳就是带有鄙视的意味了。

有的人反驳的意图很单纯，就是想把事情做好。有的人天生就爱反驳，而反驳的意图很明显就是为了显示自己的优越性并顺势踩下别人。

他们反驳并不是看法就有多高明，而是他们只想别人听到自己的声音。实际上这种反驳是很不尊重人的，而且一般人都很反感这种行为。

初次见面记住名字表示重视

每个人都有自己独一无二的名字，名字代表着第一印象。在初次见面时就能把对方的名字记住，能让对方觉得你很重视他，对你会产生亲切感，为两个人的进一步沟通交流打好了基础。

很多擅长社交的人都很关注对方的姓名。他们天生就对名字很敏感，有惊人的记忆力，即使只有一面之交但是对方非常重要的话，他们都会把名字记得一清二楚，绝对不会叫错。

许多的外交家也把记住对方的姓名作为开启沟通的重要方式，还有人把如何准确记住对方名字写进如何促进沟通为主题的书里。他们提出有人会在初次见面时可以用照相的方法来帮助自己记住对方的长相与名字。这样不论以后多久再见面，都能很快准确的叫出对方。一些教师也是用同样的方法来帮助自己快速记住学生的姓名。现在很多的通讯录或者简介都附有彩照，也是为了大家能准确地把握对方姓名与容貌。

如果一个人在第一次见面就可以叫出你的名字，或者只有一面之缘的人在街上偶遇时马上就能叫出你的名字，你肯定会觉得他对你很有好感，所以你也愿意与他接近。如果我们对一个人有好感，很重视他，首先去关注的也肯定是他的名字，然后牢牢地记在心里。

对于专门与人打交道的人，平时需要多处周旋，记住对方的名字并在下一次相见时叫出来，是非常有用的武器。名字是语言中最重要的声音了，这是最重要的表达重视的方法。对方会莫名其妙地产生一种错觉，觉得自己名气很大，受到重视，自我感觉良好。

记住对方细节表示重视

我们与重要的人见面时，都会先了解对方的基本信息，或者会借鉴前几次打交道的经验，寻找一些细节来表示对他的重视，让他感觉到你的诚意，知道你是有备而来的。比如在上一次见面的时候如果对方提到过不喜欢吃牛排品红酒，那下一次用餐地点你肯定不会选择西餐厅。就是说如果了解到对方与自己见面的意图，在与对方见面之前，做好准备功夫，收集对方的一些情况与细节，那对方就可以感受到你的重视，同时感受到了你的诚意。

相反，如果你对对方或者话题都一无所知，可能他会觉得你没有诚意，对你感到气恼失望。

在表示对对方重视时，在适当的时机说出他提过的细微之处，比如："曾经，听你说过……我一直都铭记在心。"或者对他曾经无心提起的事情默默记在心中并找机会表示，比如他曾经在闲聊中提过，其尝过你们家乡的米酒，很喜欢。虽然只是一语带过，但如果再次见面你说"前些日子回老家，特意带来了特产的米酒，一起喝两杯"的时候，他就会觉得你把他无心之话很认真地对待，是非常有诚意，非常重视的，自然你们的关系可以熟络起来。

如果男女约会，女生即使是无意中说过的话，男生都会记得而且在适当的时候表达出来，女生会觉得自己在他心目中是不一样的，是被看重的。我们说的"体贴入微"也正是表达了重视的意思。

会面中坐姿端正表示重视

在正式的会面中，比如商务会议、谈判、面试，甚至是相亲、家长会，当我们需要树立给对方“认真、尊重”的形象的时候，我们会通过表情、语言、姿态等多种因素来表现。其中的姿态是交流中比较直观的一个方面。

人际交往中有一多半的时间是坐着的，坐姿是衡量一个人认真程度的标准之一。人坐下时的姿势，决定了他在社交中的地位和心态。俗话说：“站有站相，坐有坐相。”就是说一个人无论是站着，还是坐着，都要有一个好的精神面貌与姿态。我们常用“坐如钟”形容坐着时像古钟一样端庄、沉稳、高贵，同时又是那样的轻松自然，感觉良好。如果一个场合里每个人都选择比较端庄的坐姿，表示我们对这个场合的尊重，对这场见面的重视。

坐姿包括就座的姿势和坐定的姿态。为表示敬意，就座一般轻而缓，稳稳地坐定后，为了表示专注，眼神的交流畅通无阻，一般我们都应与人相向而坐，把上身挺直，双膝并拢，以产生稳重的感觉，头部会端正而且目光平视前方的交谈对象。这就是合乎规范传达重视信息的坐姿，称为“端坐”。如果入座后面带微笑，身体稍微往前倾，再加上诚恳赞美的目光，那么更是可以表达我们关切、谦逊的态度，就像是跟对方说：“这场会面对我非常重要，我已经做好准备，全神贯注地与您沟通了。”

受邀坐主位表示被重视

宴席中重要的客人一般都是上座的，最重要的人肯定坐在主位。小到家庭聚会，大到外交活动，座位的安排都体现着与会者的地位与身份。比如长辈的生日聚会，寿星肯定是坐主位。

公司会议，最高级别的领导肯定是坐在统筹的位置。国际会议中，宴请来访各国使者，座位的安排也是首先按照职位排好。这些席位的安排不仅仅是一种形式，更是有心理学的依据的，最重要的最受关注的肯定是最显眼的位置。

举国际会议为例，如果双方人数均等，正式会议时座位是按照职位高低由中间往两边排，双方面对面各坐一排，这是因为此时一般是竞争谈判状态。如果是会后的宴会，一般会按照插坐的方式来达到沟通的目的，因为这是合作互动的场合，并肩而坐可以忽略对方的视线，容易拉近人际间的距离，感到彼此很紧密。但是最重要的人总是坐在主桌与主位的，其他的人会围坐身边。当你收到请帖，入席后发现自己是上座的话，那么主人家对你是非常看重的，他正在用这个方法对你表示尊敬，并传达一个信息，你是这场宴席中最重要的人。

很多深谙交际方法的人都会精心布置交际位置来影响别人。还有一种位置显示地位高低的，就是办公室的布置中就座的椅子的安排。有的领导办公室会有沙发与其他椅子，招待来访者。如果他请你坐在同等高度的沙发上，那代表他传达的是平起平坐的信息，他很重视你。如果他让你坐在较低的椅子上，那么他想让你仰望他，让他看起来高深莫测，造成一种威慑感。

会谈中站姿挺直表示重视

我们在日常交际中，站与坐都是最基本的两种举止，所以站姿与坐姿一样重要。站姿同样是无声的语言，表达你对这场会面是否用心，是否关注与尊重对方。一个好的站姿是“立如松”的，就是站立的时候想象自己像松树一样高入云端，稳定但又不僵硬，灵活但又不摇摆，向对方展示的是我们控制自己的能力。军队中当指挥军官集合士兵的时候，士兵们就是用军姿来表达自己的重视与听从指挥的。新兵入伍的首要训练科目也是“站军姿”，伴随着的肯定是铿锵有力的口令：“挺胸，抬头，收腹，身体微向前倾……”当然这只是纪律部队的特殊要求。但是会面中精神抖擞的站姿是表达关注必不可少的，甚至在站立的时候身子可以微微前倾接近对方，拉近彼此的距离，以显示亲切感，但是注意不要超过基本的交际距离，让对方有压迫感。

无距离的沟通还要注意两个人间不要有外物间隔形成障碍，这样反而会让人感觉到你是在抗拒彼此的对话，好像中间的东西让他下意识地想快点结束话题。彼此间有障碍物会让你的关注与重视无法让对方感受到。举个例子，一个手里抱着一堆文件的人，与一个两手空空站在那里的人，你选择开始谈话的经常是那个两手空空的人，因为你的视野会很开阔，空间造成一种没有阻隔的亲切感，你觉得他会对你比较关注一点，与你开心聊天的机会会高一点。

准时赴约表示重视

守时是对一场会面最起码的尊重，在一些场合，我们还会稍微提前一点到达以示庄重。参加商务宴会、私人会面、宴席等对双方都很重要的场合，一般是没有人迟到的。如果突然有事不能赴约或者要推迟一点到达，我们会尽快通知对方，并真诚地解释或者提出备选方案，让他有时间调整。

准时赴约从心理上让他觉得你是很重视这场见面，而且早早就做好了准备，为双方接下来的沟通打开良好的局面。相反的，如果你约的人不止迟到了，在出现的时候非但没有道歉，对迟到的事情提都不提就大大咧咧直接进入主题；或者只是很应付地说了一句“让你久等了”，你会觉得他是在藐视你，不是不把你当回事，就是想故意打击你，然后能在接下来的讨价还价中占上风。要注意对方可能正是用不守时出现控制我们的情绪，事实上他们也非常重视这次会面，只是在玩心理战以树立自己在会面中强势者的形象，为自己争取更多的条件。

当我们觉得是错误或是缺点而对方没有同感的时候，我们很自然地会产生自己的人格被轻视的错觉，这也是人类共同的心理特征。在这种心理状态下，如果开始一场谈判一定要更加地保持冷静，谨记自己的底线与这场会面的原始目的，不能因为只顾着自己被轻视的情绪就冲动行事，注意力也不集中。

一般来讲，对于非常重要的会面，正常情况下双方都是会准时赴约的。

第三章 谁在挑衅：冲突与防御

愤怒：冲突的根源

一切冲突的根源都是源于一方或双方忍无可忍的愤怒喷薄而出。人在愤怒的情况下，全身的能量都会凝聚起来，理智会尽量控制情感，但很多时候都是以控制失败而告终，此时，冲突就处在一触即发的紧要关头了。

因此想要在正常的交际生活中避免冲突，交往双方或是多方首先应该尽量控制自己的愤怒。其次也要察言观色，努力化解他人的愤怒。我们可以通过观察他人的行为举止，判断他是否处在愤怒的情绪控制中。

据科学实验分析，愤怒是所有情绪中需要最多身体能量的一种情感表达。人在愤怒的时候，面部表情和身体态势会不由自主地协调起来，全身肌肉紧张，呼吸深度也会加重，仿佛需要更多的氧气，血液循环系统也要配合这种情绪，因为情绪紧张导致心跳的加速，心脏加速收缩，血液流动的速度加快，血流量增大，血压升高，当事人自己会明显感受到自己的脉搏跳动比平时更加有力而快速，这就是人在愤怒情绪的控制下需要大量的能量储备和运输，以保证在可能发生的冲突面前有足够的能量准备。

人在愤怒的时候，这样的身体能耗会十分明显地表现在面部表情和身体态势上，因此相对较难隐藏。在表情方面，愤怒的面孔具有更加鲜明的特点。当事人会首先出现身体前倾的反应，头部向前伸，收紧下巴，双目圆睁，瞪着对方，上下眼睑绷紧，瞳孔向上翻看，同时双眉紧皱、眉梢上扬、还伴随鼻孔张大、露出紧咬的牙关，或是嘴唇紧闭，嘴角向下弯曲等，这些信号可以明明白白地向对方表示出自己已经做好战斗的准备。

因为能量准备充足，愤怒时，全身肌肉在处于紧张状态的神经系统的指挥下，从松散的放松状态逐渐转变为紧张状态时，当事人还需尽量稳住自己的情绪，克制自己的行为。

因此神经系统的压力更大，表现在身体姿势上会有轻微的颤动，说话时的语气语调也会较为低沉，咬字时会格外清晰。因此人在愤怒的时候，情绪表现得十分明显，也很容易被他人捕捉。如果在看到有人愤怒的时候可以积极有效地采取措施缓解他的愤怒，可能会避免一场冲突。

愤怒的表现

人在愤怒的情况下积聚了全身的能力，全身上下的肌肉和血液都处在十分紧张的状态下，有几处特征表现得十分明显，现将这些特征一一分析。

愤怒的人除了面部表情逐渐僵硬狰狞外，颈部也会出现十分明显的变化。由于呼吸力度和强度增大，颈部肌肉绷紧，面部的咀嚼肌也处在紧绷的状态，再加上颈部两侧的血管本身就相对较粗，在这种情况下就会流动着比平常多出许多倍的血液，因此愤怒的时候，人的脖子就会变粗。并且大量的血液流动还会使得皮肤表层的颜色变红，这就是人们常说的“脸红脖子粗”的科学解释。

然而需要注意的是，这种“脸红脖子粗”的情况较常见于冲突之前，真正的“肉搏”展开时，很多人的大脑是一片空白的，只剩下一个念头，那就是要不惜一切战胜对方，血液流动会主要集中在手臂部位或腿部，面色的改变会逐渐淡化。此时，可能由于过分紧张或控制理智而导致的身体的轻微颤动也会逐渐消失。

行为学家将冲突双方在对抗过程中的互相抵制称之为“较力反应”，这种较力反应并不仅仅限于身体接触过程中，也包括非身体接触，最有代表性的就是通过眼神的直接对视来实现较力的效果。这种方式的较力是冲突的双方希望通过眼神的集中对视，在不希望发生肢体冲突或不方便动手的情况下来代替身体接触较量的。双方会用尽可能犀利地表现自己的凶狠程度的眼神死死盯着对方，希望通过这种方式的示威来让对方退步。通常情况下认为，最先移开怒光的一方就是提前示弱的一方。用眼神较力可以在一定程度上避免肢体冲突。

此外，双方在冲突过程中很少运用语言相互攻击，因为语言上的冲突通常是出现在争端刚刚开始的时候，当语言较量越来越激烈的时候，局势就会难以控制，如果没有一方肯退让，或是第三方的劝解无效时，冲突就会上升到肢体，这时冲突双方就会将大部分注意力集中在肢体上，语言较量所需的高难度的思维支配会相对减弱，因此在打斗中，双方的语言表达会较为单一，并且几乎毫无意义，爆粗口就是最明显的表现。

挑衅与迎接挑战

挑衅是在正式的打斗开始之前的一种常见行为，有时也是引起打斗的重要因素。通常情况下，挑衅是自认为势力较强的一方希望能够采用打斗或斗争的方式尽快取得胜利。因此会使用颇有含义的言语、动作等激怒对方的方式来把这种信号传达给对方，希望对方愤怒并接受挑战。实际上，挑衅一方对自己的实力程度可能估计过高而全然不知，所以挑衅一方很容易吃不消对方的全力反击。

最能激怒对方的挑衅方式是轻蔑。因为没有人能够忍受来自他人的轻蔑，尤其是对其人格和自我意识的侮辱。发出挑衅的一方常常会高高扬起下巴，上眼睑向下压，目光中充满不屑与鄙夷，也就是我们俗话所说的“不用正眼看人”，这种信号是在告诉对方，“我根本不会把你放在眼里”，这就是最不能让人接受的，尤其是对于一个有较强自尊心的独立社会个体来说。除非轻蔑的一方有着足够高的身份地位或权利，被轻蔑的一方甘愿臣服于其下，例如奴隶社会的奴隶与奴隶主，封建社会的统治阶级与被统治阶级；或者是家族中有主仆关系的双方，这种情况不在分析范围之内。

挑衅的一方是在用不同方式证明同一事实，那就是行为人使自己比对方高，或者使对方比自己低，这里的高低是无形的。挑衅一方常常喜欢轻松地毫不费力地表现自己的能力，从而说明“我与你之间存在着巨大差距，我根本不屑于和你较量”。因此，日常生活中的挑衅手势多是用大拇指向上，意指自己，说明自己高高在上的，也就是说对方是“低低在下”的；挑衅者通常会用鼻子轻微但快速地呼气，也可以是唇齿通过气息发出类似“切”的声音；这就是我们常说的“嗤之以鼻”。

而迎接挑战的一方是针对挑衅最直接的反映。常见的动作是调整身姿，坐着的人可能会立刻站起身来；保持站姿的人也会调整双脚，使自己站得更稳，或是握紧拳头，准备回击。迎接挑战的人可能对自己的能力有着较为理性的判定，也可能是性格使然。

保卫自己的领地

领地就是人们将某一个独立的空间或领域定义为归自己所有的区域，是人们对他人设防的空间。

如果有人闯入自己的空间范围内，则可能引发冲突。例如，某一个拥有独立主权的国家的领土被侵占，即使是很小很偏远的一部分，都会挑起两国的交战；两个商业集团之间如果有业务或争取市场、客户上的冲突，也会使双方迅速地投入到保护自我、对抗竞争的状态；如果某一户人家的果园或菜地的果实被过路人采摘，邻居侵占了自家的院子等，这种日常生活中的小事情，只要涉及到属于自己的领土被无端侵占，都会引起被侵者的积极防御。

此外，人类甚至动物界划分属于自己的领地，在一定程度上，可以有效地避免混乱，减少冲突。

在原始社会，两个部落在争夺某一片还没有所属权的地域时，可能会产生冲突和抗争，然而，一旦领地的所有权争夺有了分晓，则意味着失败的一方在未经许可的情况下，永远不能踏入这个地盘。

也就是说，遵守秩序的大多数人在经过别人领地的时候，会自觉遵守“他人领地，禁止入内”的不成文规定，每个人或每个群体都基本上能够做到在自己的领地之内活动，而不去无端挑衅他人。侵犯他人的领地，这就为文明社会维持秩序奠定了基础。

值得注意也是毫无疑问的一点是，人在自己领地内有着无可厚非的优先权。这一点毋庸置疑，不会因为领地主人的个人因素而轻易改变，即便是权力地位低下、毫无能力控制领地的人，在他尚拥有所有权的情况下，在这个领域，依然享有充分的优先权。最简单的例子是，即使是一个卑微贫穷的人，也会有家作为他的领地，在“家”这个领地中，他有着优于这个领地之外任何人的权力和地位。而一旦这样的领地受到外界的侵害或威胁，它的所属者会爆发出高于其他时刻很多倍的抵抗和防御能力，可能是因为家的范围较小，又承载着供人们休息、停泊、放松和寻找爱的责任，是所属者最方便控制同时又最需要控制的地域，所以任何人都不能接受自己的家庭领域受到侵害和威胁。

个人领地的防御

在拥挤的现代社会，想要在公共场合制造空间感很强的舒适的个人领地存在很大的难度。

在工作的过程中，这一问题可以通过“格子”来解决，有一些心理学家或行为学家称之为“作茧”，即使用带有隔板的办公桌，给每一位正在工作的人狭小但是相对独立的空间，以此来标识个人空间的范围和界限。

还有一种方法就是确定喜爱之物。在共用的区域，当人们没有办法明确地划分各自的领地时，常常会通过长时间使用某件物品或是在某处摆放自己的物品来使本没有所属权的某一小片区域变成某个人的专属。例如，一个人在开会时喜欢坐在某个位置，每次开会他都坐在那里，久而久之，那个位置就变成了他的专属。其他人也就逐渐默认了这种专属。

很多情况下，人们会选定自己的喜爱之物，并通过长时间的使用使之变成自己的专属，这种专属并非真的归他所有，而是在人们的习惯中所有。或是使用个人标记，将自己的东西放在自己喜欢并经常待的地方，这就是我们日常生活中最常见的“占位子”。在公共场合，当别人发现这个位置上有其他人的物品，则知道这个位置已经有了暂时的所有权，就不会轻易使用了。

另外，当人们没有办法主动掌控对某一区域的所属权时，通常会在自己力所能及的控制范围内将自己的区域与外界区域隔断开来。就像一匹马对其他马的反应太过敏感时，主人会在它的眼部设置遮蔽物，人类在一些情况下，也会采取这种做法来框定自己的区域，这就叫作障眼姿势，即用双肘撑在桌面上，单手或双手张开手掌放在额头部位，将视线切断，像是戴了一副眼罩一样。

使用这种方式不仅能够有效并有力地捍卫自己的个人领地，又能足够的保持对他人的威慑，尽量减少纠纷。

在人与人的交往过程中，如果能够真正做到互相尊重各自的个人领地，生活将会变得更加有秩序。当然，在占据空间时，每个人都应该考虑到别人的利益，如果单纯以自己的利益为重，肆意占领公用空间，冲突和纠纷则难以避免。

熟练的挡身动作

人在不知情的陌生环境中常常会感到不安，在这种情况下，就会做出下意识的挡住自己身体的行为，即身体向后退，将手臂或手掌挡在身体前面，形成一个暂时的“栏杆”，为自己的身体搭建一个“护栏”。这个挡身的动作通常是无意识的，做出这个动作的主体这时候通常不会记得自己做过这个动作。然而这个动作又是隐藏在某种形式之下的，它不会赤裸裸地展现主人的躲避或退让的意图，而是以某种伪装的形式出现，伪装的具体情况应具体分析。

在一些重大的外交或高层交往的场合，常常可见一个身份显赫、很有派头的人在面对记者的镜头时，将双臂交叉垂在身体前面，或是将右手横在身体正前方，像是在整理衣服或检查纽扣一样。这个动作并不是一直保持的，而是时而停止时而继续，手臂移动的速度较慢，幅度也很小，因此不会引起他人的注意，还会给人造成一种准备好握手的错觉。而实际上，这是他在需要慎重的重大的陌生场合中的一种自我保护意识的展现，是人类挡身动作的演化和变形。

女士可以更加隐性地做这个挡身动作。很多时候，女性出现在公共社交场合时会有挎包手包等饰物，在上述场合中，女性可以通过拨动或调整挎包的位置来保证自己有能力做出挡身的动作而不被其他人注意到。披肩或围巾也是很好的掩饰物，女士在整理披肩或围巾的造型时，披肩和围巾通常没什么问题，只是女性借助这样的动作实现自己的挡身意图罢了。

很多情况下，完全的挡身动作是做不出来的，它会受到很多因素和场合的限制，而半阻挡的挡身可以隐藏在很多伪装的行为之下，因此更容易被人们运用出来，例如整理衣服或配饰、抬起一只手放在身体前面做一些接触身体的小动作等。

另有一些挡身动作十分常见，但却是没有掩饰和伪装的挡身动作，一般情况下可以说明，此人缺乏足够的社交经验，例如一男子在穿过一处人群密集的地带，可能会在走路的同时，双手合掌来回摩擦掌心，像是在洗手一样，这是一种对直接挡身动作的低级改造。而女性则是在走路时，一只手臂自然下垂，另一只手握着相反一侧的肘部，这个姿势表现出十分明显的柔弱气息，证明自己是害怕受到伤害的。

坐姿中的挡身

人对自身的防御是随时随地的，不受任何环境、场合、时间段等外界因素的限制，也不受身体姿势、心理状态、思维动态的控制，很多时候都是无意识的。坐姿中，也有很多可以作为挡身动作的姿势。

在公共场合中，很多座椅并不是独立的，当一个人坐在长排座椅上的时候，如果旁边的人过于靠近，只要不是特别亲昵的关系，无论是熟悉还是陌生，这种近距离都会让人觉得很不舒服，从而产生挡身的冲动。

在并排坐的情况下，最常见的挡身动作还是双臂缠绕放在胸前，或是抱紧双臂。有的人也喜欢在面对这样的情形时，跷起“二郎腿”，向上的腿朝向身边的人，做出一种踢他的假象，以此来表明自己的反感情绪。有的男士甚至会摆出“4”字形的腿部姿势，用腿型为自己的身体搭建护栏。

有时，男性还喜欢将两腿微微分开，两只手分别放在膝盖上，这就相当于为自己建造了一个立体的护栏，从身体的前方和左右两方分别保护了自己的身体，如果身体再加以颤动，这就相当于不停地告诉身边的人——“不要接近我，我正处在防备的状态。”

然而这种只能让人意会的姿势在实际生活中很难被人彻底地看懂，很多不注重社交知识的人根本不会理会这种姿势，例如在候车室等鱼龙混杂的地方，这种情况十分常见，这种姿势也完全起不到挡身的作用，这就只能用言语对对方进行适当的提醒了。

在职场中，每个人的自我保护意识都极强，每个人都希望自己得到有效的防护。其实办公室中的办公桌能起到极好的作用，工作的人坐在办公桌后面，双腿隐藏在办公桌下面，只有胸部以上可以直接被人看到，但是却保持着相当一段距离，那就是桌面的距离。

职员们在通常情况下不必站起身来，而只需隔着办公桌进行简单的言语沟通和交流，这就使得人与人之间的距离保持得十分固定，每个人都不必担心自己的工作空间或领域被侵入或占领，因此不必处在时时警惕的防御状态之下，能够全身心地投入工作。

尖叫的防御作用

人在遇到危险、惊吓或是遭受痛苦的时候很容易发出尖叫。这也是一种下意识的表现。这种尖叫并不是人类的特权，几乎所有哺乳动物都会在危险或痛苦的情况下进行尖叫。这既是一种下意识的行为，也是在危险或绝境时对同伴发出的求救信号，同伴在听到这样惨烈的尖叫声后，会立刻意识到发出声音的人正处在危险当中，急需帮助，他们或它们便会赶过去进行帮助。

在现实生活中，男性在处于危险、痛苦或受到惊吓时，尖叫的次数会明显少于女性。例如在游乐场中的一些惊险游乐设施上，我们听到的尖叫声主要是来自女性的。很多人认为女人受到惊吓尖叫的直接原因是大多数女人生性是弱者，胆小，而大多数男人处事不惊，相对沉稳一些，认为勇敢是男儿本色，只有少部分女人才会像男人那样临危不惧。

实际上，这和两性的社会性别有着明显的关系，现代社会在发展过程中将男权抬高，而为女性制定了一种柔弱的、需要保护的形象，以此来凸显男性在社会生活中不可动摇的地位，女性只有通过不同的方式表现自己的柔弱和需要保护，才能树立起男性的勇猛角色，久而久之，柔弱就成了女性的代名词并逐渐受到男性的青睐，女性也接受了这种心理和性格特点，因此尖叫时表现出来的柔弱感也成为女性吸引男性注意的方式。

与此同时，通过尖叫也可以释放一种胆怯害怕的感觉，从而不会因为压抑而显得当时局势更为紧张，让自己无法释放恐惧。另外，女性的音高相对高于男性，音色和音频也都会加强尖叫时的分贝，因此女性的尖叫更容易被捕捉。

从生理角度来讲，肾上腺素升高是关键。一般人在恐惧或受惊吓的时候，肾上腺素会加快分泌，心跳加快，呼吸的深度、频率也相应变化，而尖叫以及尖叫程度的不同则因个人的习惯不同而异。这是绝大部分人在受到惊吓后的共同生理反应，在缓解下来之后，人会产生乏力感。

平息攻击的方式

心理学家研究表明，在一个人受到攻击或面临人为的危险的时候，一般情况下会有 5 种应变的措施：躲藏、逃跑、斗争、求援或设法平息攻击者。躲藏和逃跑是相对比较被动的手段，斗争属于积极对抗，求援则是在其他人有可能介入的情况下才能实现，而当攻击者太强难以与之对抗，或是被动的躲藏与逃跑受到空间或条件的限制，又没有第三方可以介入的情况下，设法使攻击者平息下来就是唯一的应对办法，这就需要人做出谦卑的行为。

当面临危险或被对手逼入绝境时，用一副可怜相来求饶几乎是包括人在内的所有动物的本能，这是在弱肉强食的现实生活中求得生存所必须要面对的。动物在这种情况下可能会将自己的身体尽量缩小，表现出一副柔弱的态度，去承认对方的强大和强者地位，这一点，人类也会做到。

动物在表现可怜的时候，会通过发出呜呜咽咽的呻吟声来告知对方自己意识到了他的强大，以此来表示让步或认输。而人则会用语言来为自己辩护或是求饶。这种行为就是在明显地显示谦卑。人际交往中，将身体微微前倾再加上“点头哈腰”就可以十分明显地表示谦卑。

人在表现谦卑时，最重要的一点就是在强调自己的弱小，以此来烘托对方的强大，也就是承认自己在这场针锋相对的较量中处于劣势，没有能力再和对方抗衡了，希望对方不要再咄咄逼人。

在这种心理状态的影响下，谦卑者的身姿和体态都会相对靠下，希望能够以仰视的目光看胜利者。每当遇到对抗的场合，他们这样的身体姿态已经明显告诉对方，双方力量的高低强弱已经十分明显，较量已经没有什么价值了。

弱者的防御：耸肩

西方人喜欢通过耸肩来表达多种含义，如无奈、抱歉、不清楚状况等。而在中国，经过长期的中西文化交流演变，耸肩也有了多种中国含义，如害怕打扰他人、内心紧张、担忧、惊吓过度等。其中有一个重要方面就是在需要自我保护的防御状态下的耸肩。

耸肩是将肩部向上提，头部向前伸或向下低，将自己的颈部裸露部分缩短，仿佛是希望自己能够躲在衣服支撑的壁垒里面一样。这就表明行为人对外界有着足够的恐慌和惧怕，并不希望与他们发生争斗，而是主动示弱，承认自己不如对方，希望对方放弃进攻，这是一种十分消极的自我保护和防御方式。

同时耸肩也是一个“息事宁人”的姿势，耸肩的人就是利用自己缩小身体物理空间的方式告诉对方，“你不必通过冲突就可以证明你的强大和胜势”“你不必对我这样毫无威胁的人动手”。进攻欲望是在挑衅或是有争夺必要的时候被激发的，示弱在强者看来毫无兴趣。此外，耸肩也就意味着不自信，是行为人尚未采取与对方较力的行动时就已经败给对方的表现。这就是一种最为被动的防御方式，可能在冲突尚未发生之前就生效了。但是却很少被人采用，因为这种防御方式被人们认为是“没有血性”的。除非是在人力无法抗衡的巨大危险或是杀伤力极强的攻击面前，人们会用这种近乎求饶的方式保护自己。

值得注意的是，人在毫无准备的无意识状态下，耸肩就是第一反应。运动场上的运动员在受到伤害的时候，会首先耸肩低头来保护自己颈部的大动脉不受伤害。如拳击场上的拳击运动员在被对方袭击的时候，会下意识地耸肩，并用双手护住头部。足球场上的足球运动员在面对高速飞来的足球时，如果不能有效地接球，就会在第一时间耸肩低头。在日常生活中的人们也是同样的状态，当忽然听到一声巨响时，所有人的第一反应都会是耸肩。所以，耸肩也是一种最为常见的防御姿势，是人在下意识情况下逃避或防御危险的本能。同时的伴随动作还有用手护住头部、耳朵或是面部，并且弓着腰保护腹部。这一系列动作都是人在遇见危险时的本能反应。

脱掉外套的人

我们在很多影视作品中看到过这样的场景，在前去迎接挑战的人上场之前，他会脱掉自己的衣衫，然后摩拳擦掌准备大干一场。准备打架的人也会这么做。但这又是为什么？是单纯为了让肌肉得到完全的放松吗？是不希望衣服在争斗过程中损坏吗？还是希望对手在动手的时候找不到着手点呢？这些原因可能都有。这种情况在行为学中也有科学的解释。

美国联邦调查局曾经公布过这样一个案例，两名男子因为一点小事起了争执，他们互相攻击的过程十分具有戏剧性——他们赤裸着上身，像大猩猩一般互相撞击着胸部，这是一幅十分典型的肉搏画面。

经过心理学家的分析，这两名男子的行为有了这样的解释：男性的胸肌本身就代表了强壮、勇猛和力量。他们在斗殴过程中将自己的胸膛露出来是在向对方显示自己的力量，可以理解为一种示威方式。此外，人在承受压力的时候，呼吸强度和深度都会提高，这就直接使得胸膛起伏和扩展收缩的幅度增大，也会让男性的胸膛显得更加坚实有力。另外，现代服饰的复杂性会在双方打斗过程中显示动作和力度，因此，脱掉外套也是希望自己能够全身心的投入这场“战斗”中去，不要受什么东西的牵绊，为取得胜算增加一分把握。

久而久之，通过这种方式显示自己的实力开始被越来越多的人采用。有的人因为受到条件或环境的影响，不能肆意脱下上衣，他们便将这种动作做了象征性的改变，那就是挽起袖子，以此来代表脱下外衣的效果。在现代社会有同样的效用。

第四章 你的神经绷紧了吗：紧张与放松

紧张感是如何产生的

紧张是人们经常出现的一种感受，不仅表现为心理上的焦虑不安，往往还会引起一系列的生理反应，例如心跳加速、手心出汗、脸色发白等等。这些反应都与产生紧张感的生理机制有关。

人的身体在振奋时，身体机能就快速地运转起来，并准备接受下一步运动的指示。而当人放松下来时，身体就像汽车退到慢挡一样，慢慢缓和下来。这些变化是由自发神经系统来控制的。

自发神经系统包括两个相互对立的部分：交感神经系统和副交感神经系统。交感神经系统的能动性较高，是司动者；而副交感神经系统的能动性较低，是司静者。当身体处于普通的活动状态时，交感神经系统和副交感神经系统之间保持着一种平衡。交感系统使身体继续活动，并保持一定的强度；而副交感系统将身体的活动强度控制在一定的范围之内，从而保存体力。两个系统的力量基本相当，因此使人体维持适当的、中等程度的活动。

日常生活中，大部分时间我们的身体都处于这样的状态。但如果受到某种刺激，需要作出紧张或强烈的运动时，交感神经系统就会活跃起来，压制住副交感神经系统。这时人体就会出现一系列的变化，首先血液里的肾上腺素增加，心跳加快并变得强烈，血液从表皮和内脏向脑部和肌肉转移；消化系统运动减弱，唾液分泌减少，使人感到口干舌燥；肝部贮藏的碳水化合物融入血液，因此血糖升高，呼吸加速，身体大量地出汗。

身体上的这些变化都是为了进行下一步更强烈的活动，也就是说身体已经跃跃欲试。大脑的血液增加，以备随时都能做出敏捷的反应，肌肉则绷紧准备进行激烈的运动，肺也努力地扩张以便吸入更多的氧气，皮肤加速排汗有利于热量的散发。如果这些准备得到了释放，身体采取了进一步的行动，那么就不会产生紧张感。但是，很多情况下处于一些外部的原因，身体上的行动会受到抑制，肾上腺素已经释放，身体已经做好了充分的准备，但是却没能进行下一步的行动。这种情况下受到压抑的身体就会产生紧张和压迫的感觉，身体出现的上述变化则能成为紧张的信号。这样生理方面所做的准备都成为多余的，于是导致自发神经系统产生了不平衡的状态，交感神经系统和副交感神经系统都开始活跃起来，身体便处于一种矛盾的状态之下，紧张感便产生了。

为什么紧张难以隐藏

当身体已经做好活动的准备，但受到某种因素的制约而不能做出行动时，就会出现身体上的矛盾状态。

例如有的人害怕某种事物，但又没办法逃避；对某种事物感到很愤怒，但又没办法发起攻击。这时候他们的交感系统已经变得很活跃，但又不能转化为身体上的行动。处在这种矛盾之中的人，往往不想使自己紧张焦虑的情绪暴露给他人，于是努力装得若无其事，但是身体的各种表现很容易就出卖了他。

举例说明这个问题，一个要接受电视采访的人，不可避免地会感到紧张，因为他马上就要出现在成千上万的人眼前。在等待采访时，他心里便产生了恐惧感，于是身体就自发地做好了随时逃走的准备。当他坐到摄影机前接受采访时，他做出很大的努力想要表现得轻松自在，但他的身体依旧处在准备逃走的状态里，因此不管他怎么努力，身体仍然会显露出各种紧张的迹象。首先是呼吸加速，这是最难控制的，即便这个人是受过动作方面训练的职业演员，他在感到紧张时也会不可避免地呼吸加速，胸部会快速地起伏，频率比平时更快也更明显。这时他如果刻意想表现得轻松而随意地斜靠在椅子上，那么这种剧烈的胸部运动就会显得与他的姿势很不协调，只有穿十分宽大的上衣才能隐藏。

除此之外，血液循环使身体表皮的血液转向了肌肉和大脑，他的脸色会由于缺血而显得苍白。而唾液分泌的减少会使他感觉到口干，因此他在说话时，为了使嘴唇变得湿润，就会伸出舌头来舔嘴唇或做出其他的唇部动作。肌肉为了逃走而准备的过量血液得不到释放，就会使他的躯干变得僵直，而四肢会不知道该怎么摆放似的不停地移动，或者交叠在一起。他不是两手紧握就是跷起二郎腿，或者同时做出两个动作。

为了高强度的运动，他的身体也在加强散热功能，因此他出的汗要比平时更多，额头、鼻尖、腋下、手心等部位都冒出了汗珠，因此他不时会做出抚摸额头、摸鼻子等动作，而摩擦大腿这个动作非常有用，因为不但可以擦去手心的汗，还可以起到安慰作用。由于身体根本没有做出强力的动作，没有产生多余的热量，因此这时后排出的汗都是“冷汗”，这也使他可能会打寒战。这么多无法控制的身体反应暴露在众人面前，可想而知想要隐藏自己的紧张感是一件多么困难的事了。

紧张的面部表达

厌恶、反感、不悦、恐惧和恼怒等等消极情感会使人产生紧张的感觉。这种紧张感会通过不同途径表现出来，最常见的表达方式是脸部表情的变化，当人感到紧张时，他的脸会呈现出这样一种状态：颚肌收缩、鼻孔扩大、眼睛眯起、嘴巴颤动或者紧闭嘴唇。如果再进行更加仔细地观察，可以发现，紧张时人的目光焦距锁定在某个点上，一动不动，而脖子也是僵直的状态，好像故意梗着脖子一样，头一点都不会歪斜。

这些非语言表情是不会撒谎的，一个人可能嘴里会说自己不紧张，但他脸上反映出来的情绪却出卖了他，这些表情很难受到主观意识的控制，并且平时人们在说话时一般也不会注意到这点。

因此一个人如果露出这样的面部表情，则可以说明他的大脑正在处理一些消极的情绪，这种指示信号在全世界都是通用的，因此对它们进行观察对于判断一个人的内心情绪是非常有意义的。例如，在聚会上一个男人说他的孩子们毕业后都找到了很满意的工作，他感到很高兴。说话时他的脸上带着刻意的微笑，但颚肌却明显地收紧了，这就使他的话很值得怀疑。果然，他的妻子后来承认，他们的几个孩子只是勉强过活而已，并不能让人满意。

尽管如此，人们往往对这些面部信号重视得不够，或者很容易忽视掉它们。原因当然是多方面的，可能是观察者缺乏经验，但这种表情本身也并不那么容易捕捉。当一个人感到紧张焦虑时，他的脸上通常都会出现上述的表情，但是这种表情有的时候是非常明显的，有的时候可能是模糊的，有的时候可以持续很长时间，有的时候只是短短的一瞬。电影中演员经常利用表情来传达角色的内心情感，使观众一看就明白其中的含义，但演员是经过专门训练的，而且做出的表情都是设计好的，表现得较为明显，持续时间也较长，好使观众们能够准确地捕捉到。但现实生活中就没有那么容易了，人的表情是很微妙的，想要准确地捕捉不是一件简单的事情，需要非常细心的观察。

就算我们已经知道颚肌缩进是一种紧张的信号，但生活中也往往不那么容易注意到这一点。例如，一家公司开完会后，主管询问一位下属：“你看到我提出意见时布拉德紧张的下巴了吗?”那位下属摇摇头表示没有注意到。面部表情经常被忽略掉，也是因为我们的社会习俗教导我们与别人交谈时不要盯着别人看，这是不礼貌的行为，而且我们往往更关心人们说话的内容，而不是他们说话的方式。

怯场导致声音改变

在正式场合经常能够发现这样的现象，轮到某人发言时，他会先咳嗽几声，清一下喉咙，然后才开始讲话。这是因为焦虑和紧张使喉部产生黏液，堵塞了声道，为了恢复正常的声音则必须先清理喉咙。

还有的人在课堂或者会议上讲话时，会感觉喉咙发紧，说话的时候声音变得很奇怪，和平时说话的声音不太一样。这些声音的变化其实都是由于心理上的紧张导致的，由于人在感到紧张时，会分泌肾上腺素，身体处于应激状态，使得血液流动加快，导致声带充血，改变了声带原有的状态，因此声音会变尖、变细。如果我们想要发出更高更细的声音，就会将声带收紧，憋着嗓子说话，当感到紧张的时候声带就像故意缩紧一样，发出的声音又尖又细。

不习惯在公共场合说话的人，在发言的时候往往会感到焦虑不安，所以说话时不断地清喉咙，而且声音也改变了。声音是很难进行控制的，人们想要掩饰自己的紧张不安时，往往会由于声音而露馅儿。例如一名员工在公司会议上要进行报告发言，但他事先并没有进行充分的准备，而是临时抱佛脚。他在发言时可能内容上并没有什么破绽，甚至很充分很到位，但是富有经验的领导还是能从他的语气和改变了的声调上看出他的紧张，从而猜测出他准备不足，甚至是见惯了大场面的名人在发言时也有可能紧张得变调。

清喉咙的情况除了紧张，还有可能是说话的人对这一问题犹豫不决，需要拖延时间让自己充分地考虑清楚。一般情况下，这样做的男人比女人多，成年人又比儿童多。小孩子紧张时一般不会清喉咙，而是说话变得结结巴巴、吞吞吐吐，说一些“嗯”“啊”等等意义不明的字眼。而故意清喉咙，则是为了向别人发出警告，在表达一种不满的情绪。例如在安静的电影院里有人在不停地小声说话，坐在他们后面的观众就会凑过去故意咳嗽一声，警告他们不要打扰到别人。

鼻孔张大暴露紧张情绪

一家超市里发生过这样一宗抢劫案，罪犯就是因为鼻子而暴露了自己的动机而犯罪未遂。当时一名促销员站在收银台附近的货架下，这位促销员看见一个男人站在收银台旁边，两只眼睛紧紧盯着收银机，而他并没有买东西也没有在排队。促销员突然间发现这个男人的鼻孔瞬间扩大，便提高了警觉，在这个男人行动的前一秒钟，冲收银员大喊道：“小心！”这时那个男人正将手伸向打开的收银机里，得到提醒的收银员一把抓住他的胳膊反拧过来制伏了这个劫匪。这是由于张大的鼻孔暴露了劫匪的心理反应，鼻孔张大说明他在深呼吸，准备好要采取行动了。

一般说来人在感到兴奋或者紧张时，呼吸和心跳会加速，从而使鼻孔张大以获得更多的氧气，或者进行深呼吸来平复自己的心情。上面的故事中，促销员之所以能够提前察觉劫匪的意图，正是因为他张大鼻孔的动作暴露了内心的紧张情绪。看来鼻孔除了呼吸的重要功能之外，还能够在不经意间传达出主人内心隐藏的情感。

但是鼻孔扩大并不一定就是紧张或者兴奋的表现，只是一种线索而已。在身体用力或者在做剧烈运动时，鼻孔都会变大。例如搬重物或者骑单车爬陡峭的山坡时，都会由于身体用力而张大鼻孔。如果并不是在这些情况下，而是处在危险的环境或者紧张的气氛之下，那么鼻孔扩张就很能说明问题了。

除了紧张之外，人在感到愤怒和恐惧时鼻孔也会张开。如果在交流过程中，对方出现这样的动作，就说明他心里可能非常不满，正在抑制内心消极的情感。

紧张或者兴奋时鼻孔张大通常还伴随着鼻尖出汗，除去天气炎热或者天生鼻头容易冒汗，那么这种现象应该说明一个人内心焦躁不安或非常紧张。如果在交易过程中对方的鼻尖冒出汗珠，则说明他非常急于达成协议，害怕交易失败会使自己丧失机会或者造成损失，所以心情紧张而焦急。

如果在交往中双方不存在利益关系，对方出现鼻尖冒汗的情况，则说明他可能隐瞒了一些事情或者正在想办法掩饰自己的错误，由于愧意导致的紧张。这种情况下就需要我们仔细观察，细心辨别了。

抚摸胸腹的安抚作用

胸腹部位的内脏都是最脆弱同时又是最重要的器官，因此长期的进化使这个区域的皮肤变得非常敏感，以便更好地保护脆弱的内脏。这个部位通常都有衣服包裹，不太容易直接受到刺激，但是抚摸这个部位仍能产生良好的安慰和缓解作用。

例如人在感到害怕的时候，通常都会不自觉地用手轻轻拍打心脏部位，好像在安慰自己说："不用怕，没事的，一切都过去了。"快速跳动的心脏仿佛不听话的孩子受到安抚一样真的会慢慢平静下来。而人在感到紧张时，往往会习惯性地抚摸胸部或腹部。例如我们想劝慰一个发怒的人，就会轻抚他的胸部并劝他说"消消气，消消气"；人在感到焦虑不安时也会将两手收到腹部，好像肚子疼一样轻抚腹部，从而缓解自己压抑的情绪。胸部和腹部的皮肤在受到按摩的同时，还可能直接影响到内脏的运动和血液循环，从而改善身体的状态，最终达到改善精神状况的作用，缓解内心压力。

在一些情况下，人们可能不会直接做出抚摸胸腹的动作，而是会采用一些较为隐晦的变形动作。例如用手抓住衣服的领口或者胸口的部位，向外拉伸前后抖动几下透一透气。客观上会使衣服内部的身体周边的空气产生微循环，气流造成的轻微刺激可以使敏感的皮肤感到舒适，从而缓解紧张情绪，同时还可以降低由于血液流动加快而升高的体温。

当然，一个人做出抚摸胸部或腹部的动作，并不能说明他一定感到了紧张，有可能是真的感到身体不适。在排除了这种可能的情况下，尤其是当出现负面的刺激之后，做出了这种动作就说明这个人心里感到了压力。出现这些安慰行为并不能说明一个人肯定在说谎，千万不能生搬硬套，很多动作很可能只是个人的习惯，需要观察者根据情境，判断这些动作是否是应激反应，才能确定这些动作是否有分析的价值和意义。

焦虑时的手部表现

人在感到自信时会做出十指自然搭在一起的“尖塔式手势”，而当人的信心发生动摇或者产生怀疑时，双手就会十指交叉在一起，紧握双手形成祈祷状，这是一种常见的在感到紧张或者焦虑时做出的动作。发生重大的事件或者变故时，人们也习惯将手指交叉紧扣，这是感到紧张和压力或者自信度较低的表现。这种动作看上去像是在做祈祷，是一种全世界范围内的安慰行为。随着手部扣紧的力度加大，手指的颜色可能会发生变化，局部皮肤会由于血液在压力下转移到其他地方而变白。如果这样的情况出现，则说明事态变得更加糟糕了。

在处于紧张焦虑或者怀疑的状态下，人们往往会用一只手的四根手指去摩擦另外一只手的手掌。如果情况变得更加严重，心理压力加大时，这个动作就会变成十指交叉并且反复摩擦双手。

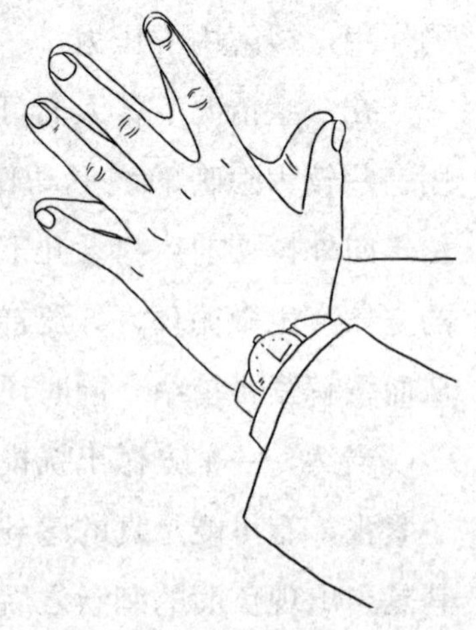
尖塔式手势表明他的高度自信

十指交叉是一种苦恼的表现，在法庭的审讯中经常看到被告做出这样的手势。当提到一些敏感、尖锐的问题时，嫌疑人的手指就会向上伸开，然后上下搓动双手。人们之所以喜欢用搓动双手的方式来缓解紧张和压力，可能是因为这种手与手的接触能够起到一定的安慰大脑的作用。

一些性格内向容易害羞的人，在公共

场合演讲或者说话时，很喜欢搓动双手来缓解压力。这种动作会给听者留下不好的印象，显得主讲人缺乏自信，使他演讲的内容和观点缺乏说服力，不能达到发言预期的效果。所以有这种习惯的人可以通过一些方法来锻炼自己，从而改掉这个搓手的习惯。

在人多的场合做演讲或者汇报时，手的作用其实是很大的，可以用一些手势来表现自己的自信，或者强调自己的观点。可以看一些演讲者的视频，学习他们的手部动作，例如在说到数字时可以用手势表示出来，形容上升和下降时，也可以用手势来形容。在不需要用到手势的时候，可以五指相抵做出代表自信的“尖塔式手势”，手臂弯曲，将手放到腹部的高度。

而在私人聚会的场合，可以用手自然地捧着杯子，或者将双手交叉放在腿上，强迫自己做一些其他的动作，有意识地克制搓手的习惯。如果是正式的场合，例如面试，搓手会暴露自己的不自信，那么最好身体挺直坐好，将双手叠放到大腿上，表现出严肃认真的样子。

从抖腿到踢腿

人在焦虑和紧张时，经常会做的动作有摇动腿部、用脚尖拍打地板或者抖动腿部，这些腿部动作都是为了摆脱焦躁不安的感觉。人们之所以习惯用脚部来表达焦躁不安，首先是因为在人员较多的公共场合，人们通常不愿意把心理的紧张焦虑表现在面部表情上，或者是用手臂做出大幅度的动作，这些动作都太容易被他人发觉，所以就会选用离其他人目光最远的、别人最不容易察觉的部位——脚部来表达。例如考生在等候面试考试时，常常会坐在座位上低垂着脑袋，双腿并拢并不停地上下抖动，好像要把自己的紧张情绪都抖落到地上一样。

在警方的一次审问中，一名犯罪嫌疑人不停地摇动双脚，双手也有些紧张地缩在身旁。当问到与案件相关的财政问题和投资失败时，他的脚就由摇动变成了踢。动作的转换非常突然，虽然这并不能表明他在说谎，但可以肯定的是这个问题刺激到了他，使他产生了紧张的情绪，这个动作体现出他内心对于这些问题的抵触与反感。

研究表明，人的脚部动作从摇动转到上下踢动的时候，说明他感到不舒服，一定发生了使他不愉快的事情。例如上述的审讯中，嫌疑人就是听到了自己不想回答的问题所以才做出了这个动作。这种行为完全是自觉行为，并不受人主观意识的控制。由于这种动作是很难掩饰的，所以我们可以利用这个下意识的动作来探寻对方隐藏的真实情感。

美国联邦调查局曾经处理过这样一桩案件，一名女子被怀疑是一起重大犯罪案的目击者，但是这名女子态度强硬，在长时间的审问中没有提供任何有价值的信息。她的腿在审讯过程中一直在左右摇动，嫌疑人在接受审问时经常会做出这种动作，没有什么特别之处。但是当警察问她认不认识一个叫克莱德的人时，她还没来得及回答问题，摇动的腿就瞬间转变成了上下踢动。

这个动作提供了非常重要的线索，说明这个问题让她感到紧张和不悦，这个叫克莱德的人一定对她有着消极的影响。警方顺藤摸瓜，终于让她承认这个克莱德曾经让她卷入一桩盗窃案，她的双腿在不知不觉中背叛了她。

紧张时的咀嚼和吞咽

吃是人类最基本的需求之一，不管吃的是什么，有东西吃就意味着不会挨饿，可以生存，因此做出吃这个动作会使人感到很满足、很愉悦。而咀嚼和吞咽的动作可以把“吃”的信号反映给中枢神经系统，即使嘴里没有食物，但大脑还是会感到愉悦。正因为如此，人在心情不好的时候，吃东西能够改善心情。

在实际交往过程中，人在感到紧张时通常不可能随时随地能够拿东西来吃，更多的情况是人们会做出吃这个动作的变形，例如磨牙、咀嚼、咽口水或喝水等等。在交谈过程中，如果一个人被问到不好回答的问题时可能会做出磨牙的动作，就是将上下牙齿相互摩擦，最常摩擦的是上下犬牙。这个动作表现出来的是一种强势的意味，因为这个动作来自于动物在捕食时的磨牙准备，意思是“一切都在我的掌控之中”。因此这个动作可以缓解紧张的神经，使人感到放松和安慰。

很多运动员在比赛上场之前都习惯嚼口香糖来缓解压力，普通人也有嚼口香糖或者槟榔的习惯。这时就要通过咀嚼的频率和强度来判断一个人是否感到紧张和有压力。在受到外界刺激时，他可能会突然停止咀嚼，但如果这个刺激是负面时，他就可能加快咀嚼的速度或者更加用力地咀嚼。这就说明他感到焦躁不安、不知所措，使劲嚼口香糖是为了缓解神经系统的紧张。但是如果一个人咀嚼时一直比较用力或者速度很快的话，那么可能只是个人习惯问题，而不能作为判断内心情绪的依据。

还有人在感到紧张和焦虑时会不停地吞咽口水，一方面这是因为紧张导致唾液分泌增多，另一方面是因为吞咽的动作可以向大脑传达正在吃东西的信号，从而起到安慰的效果。在正常情况下，口腔内并没有太多的口水，因此做出吞咽的动作是比较费力的，它涉及到了口腔、舌头、喉咙以及食管等多个器官的运动。而人在感到紧张时，会不自觉地咽口水来获取安慰，使神经得到放松。

在测谎过程中，可以通过被测人在回答问题时是否频繁地咽口水来判断刺激源，从而寻找到突破口。能引起咽口水动作的情绪还包括恐惧、尴尬或不知所措、过度兴奋等等。需要依据不同的场合、不同的情况分别加以判断，不能简单地一概而论。

把玩饰物代表心神不宁

一些容易紧张的年轻女子，在约会或其他重要场合中，总喜欢不停摆弄自己的饰物，或者是转动耳环、拉扯项链，或者是不停地松开、扣紧自己的手镯。这些行为其实都是内心紧张和心神不宁的表现，只不过女人的动作较为轻柔而且比较注重自己的形象，所以使别人不容易察觉到。

人在感到紧张时，由于血液流动加快，会使神经比较敏感的脖颈和耳朵感到不适，于是人们就会用手去抚摸脖子或者拉扯耳垂。而女士可能由于注重形象，并且佩戴着饰品不方便做出这些动作，因此用拉扯项链、转动耳环等等小动作代替。

除了身体上不适的感觉之外，这样的动作也有可能是一种紧张时的替代行为，她可能根本没有意识到自己在做什么，而且这样做也没有什么实际的意义。例如一位等待接见的年轻女子，反复地将自己手镯的钩子松开又扣上、扣上又打开，其实这个钩子一点问题也没有，而且手镯也是好好在手腕上带着。她不停地开关钩子反而有可能将手镯弄坏。因此她的这个动作并不是真正地在整理装扮，而是替代性整理装扮。她做出的动作与手镯真正松开需要扣紧时的动作完全不同，也与梳妆打扮时带上手镯的动作不同，因此这实际上是一种替代行为。她心里十分期待得到接见，但同时又感到紧张害怕，想从这个地方逃走。正是这种矛盾的心情使她心神不宁、坐立不安，她根本没办法安静地等待着接见。她高度兴奋，但是又没有事情可做，没办法使自己的兴奋转化为真正的具体行动，既不能冲进办公室，也不能干脆走到大门口离开。在这种进退两难的矛盾状态下，她只能做一些毫无意义的小动作来缓解心理的压力，填补行动上的空白。她太需要做一些动作了，甚至无论这个动作有没有实际意义，都要比不做任何动作要好。

有经验的人一看到这位女士的动作就能了解到，她反复摆弄手镯表明内心紧张不安，而这种心神不宁则意味着内心的矛盾。所以说，替代行为是一种很重要的迹象，可以使旁观者看出一个人烦躁不安或者摇摆不定的内心情绪。

身体放松时的姿势

人在紧张时身体会出现各种现象，吐露出内心的焦虑不安，而在放松状态下的身体似乎不那么有指示性质，但还是可以从身体的舒适程度判断一个人是否真的感到放松。人在坐着的时候，将双腿并拢是比较费力的状态，最为自然的状态是将双腿打开，两腿之间形成一个八十度左右的角。这个角度是大腿的肌肉在没有依靠时最自然最放松的角度，既没有刻意地向内合拢，也没有夸张地打开。双腿向内并拢代表拘谨和内向的心态，是为了减少身体被他人审视和挑剔的面积；而夸张地张开大腿则是一种强势的表现，为了标示个人领地或者表达挑衅的态度。与双腿并拢相同，人在坐姿状态下，保持脊柱的挺直也是比较费力的。即使从小养成了良好的坐姿，坐久了之后挺直腰背也是可以保持的。人在完全放松的状态下，脊柱会稍稍弯曲，而且为了缓解腰部的压力，通常还会将身体向后靠在椅背上。

在放松的时候，女人经常用脚尖勾起鞋子轻轻晃动，这是一种典型的自我表现的行为。可以试想，如果这个时候老板要开除她的话，她恐怕是没有心情做出这种动作的。但是，勾脚尖也并不一定是放松的表现。如果一个人感到有压力，需要得到放松时，也会勾起脚尖，但是这种勾脚尖的动作是紧绷的，随后伴随的动作可能是向前绷直脚尖，然后再放松。这种情况下，勾脚尖就不是轻松的表现，而是通过运动肌肉来缓解身体的紧张，从而达到放松的目的。

人在站立时，双腿并拢直立也是较为费力的，这是一种正式场合的站姿。在社交场合中，如果一个人在交谈时感觉很放松，跟他人的关系比较融洽的话，他会采取一种交叉双腿的站姿，即将一条腿交叉放到另一条腿前面，并用脚尖点地。这样站立时会使重力转移到站直的那只脚上，从而降低了人的平衡感。如果受到威胁，这种姿势是不利于立刻逃跑的，因此做出这样动作的人此时一定感到十分舒适或者自信。

上述这些动作都是人在自己的舒适范围内感到完全不用紧张时的状态，这时心里既没有负面情绪，也没有什么特别值得高兴和兴奋的事，而是处于完全的放松状态之中。

第五章
继续下去还是适时停止：喜爱与厌恶

眉毛上的动作

受降眉间肌的控制，眉毛可以产生不同的眉形，表达丰富的面部表情。

当人的眉毛处于一上一下的时候，有专家称之为“眉毛斜飞”，即一边眉毛向下垂落，另一边眉毛则向上飞扬，两条眉毛不处在同一水平线上。这个动作有些人做起来有难度，面部表情丰富、肌肉灵活的人常常会有这样的表情。这种状态下的眉毛就如同这个“斜飞”的动作本身一样，所传达的信息也是拥有两面性的。眉毛下垂的半边脸看上去很有攻击性，而另外半边扬着眉毛的脸则是一副惊慌害怕的神情。通常情况下，这种自相矛盾的表情在成年男子的脸上相对多见，女性脸上较为少见，眉毛斜飞所表达的情绪通常是略带鄙视的怀疑。

还有的人喜欢不停地耸眉，即将眉毛扬起又落下，这样反复地耸动，同时还可能伴随着撇嘴的动作。说话的时候伴随着这两个动作，可以判定说话人可能遭遇了一次不太愉快的经历，这正是他在向人诉说自己的不愉快。这个表情常常出现在成年女性的脸上，较早出现在男性脸上，因为女性相对来说更爱表达和倾诉，遇见不愉快的事情，总是喜欢讲给同伴或家人听，也相对喜欢抱怨。经常耸眉的人常常是生活中爱抱怨的人，总是喜欢喋喋不休地将自己的经历讲给别人听，也总会引起他人的厌烦。此外，说话的时候经常耸眉的人比较喜欢议论是非，尤其是关于别人的是非，生活中往往不受欢迎。

平时总是耷拉着眉毛的人，内心比较消极，对什么事情都提不起来兴致，干事情也总是无精打采的，不喜欢表达自己的意见，有些逆来顺受，是相对悲观的人；而说话的时候总是神采飞扬，眉毛高高扬起的人，比较乐观，喜欢发表自己的意见，爱在人前表现自己，也喜欢凑热闹，是外向型性格的人，身边的人也都很喜欢听他讲话，因为他会把一件事讲得像故事一样引人入胜。

睁大眼睛看你

我们总会遇见这样的情景：当某个人遇见自己喜欢的人或物时，会不由得眼前一亮，眼睛睁大，瞳孔立刻亮起来。恋爱中的情侣也经常会在四目相对的时候睁大眼睛，仿佛自己的影像出现在对方的瞳孔里，就相当于自己出现在对方的心里一样。人们常常会将睁大眼睛盯着美女看的男子称之为“花痴”，显然是这名男子被美女的美貌吸引住了。情窦初开的女孩子在看见自己心仪的男子时也会偷偷地睁大眼睛盯着对方看，就好像这样看下去就能把他的样子刻下来一样。因此，睁大眼睛可以表明行为人当前的状态是兴奋的、满意的甚至是欢乐的。

当一个人对所看到的人或物产生欣喜、满意等积极情绪时，他的眼睛会睁大，但这里所说的睁大是一种下意识的行为，并非行为人自己的意识有效控制的结果。而当一个人有意识地极力睁大眼睛，也就是说，当一个人眼睛睁开的程度是由自己主动控制时，他可能在故意夸大一种积极性以争取某种主动权。例如，在工作中，如果一个员工在老板面前极力睁大自己的眼睛，可能是他希望让老板意识到他的积极性和主动性，从而和老板的关系更近一步。

平面广告中的模特眼睛都非常漂亮，不管是什么妆容什么风格，也不管是什么表情什么造型，模特的眼睛都会在化妆师的手里被精心描画，以呈现出最好的状态，假睫毛、眼影、眼线等化妆工具会帮助模特的眼睛看上去更加水灵、更加有神，整个眼睛看上去大且深邃。之所以要把模特的眼睛包装成这样，是因为眼睛睁大以后，人的瞳孔就会随之扩张，整个人看起来就会神采奕奕，并且像是看见了一件令人欣喜的物品一样，因此广告之中模特衬托产品的作用就凸显出来了，产品的吸引力也由此增加。

在影视类广告中，模特可以通过眼球的转动让眼部多一些动态美，从而能够更好地显现模特所扮演的角色对产品的兴趣和喜爱，有效地吸引观众的眼球，让观众在模特或演员的指引之下产生对这款商品的购买欲，达到商家的目的。

因此睁大眼睛在很多时候都能够表示行为人看到了自己满意的人或物，心理状态正受到积极情绪的影响。

瞳孔的变化

成语“目光如豆”就是说眼光像豆子那样小，是形容目光短浅，缺乏远见。这里所说的目光实际上就是人的瞳孔收缩后变得很小，像豆子一样。当人的瞳孔呈现这样的状态时，给他人的印象通常是不好的。

美国芝加哥大学心理系的前系主任艾克哈特·赫斯教授曾经做过

这样的实验：他将一些性取向正常的成年男性列为实验对象，让他们观看女性明星的大幅性感海报，这时，这些实验者的瞳孔普遍出现了扩张的情况；而当女明星的性感海报换成是男明星的海报时，他们的瞳孔又逐渐收缩到了正常状态；艾克哈特教授又选取了一些不同年龄不同性别的实验者，在他们面前摆放美食、精美的手工艺品和壮丽的自然风光的影像，这些实验者的瞳孔也随之出现了扩张，并且集中的对象各不相同。可见人在面对自己感兴趣的事物时，瞳孔会不自觉地放大。

因此艾克哈特教授得出结论：瞳孔的大小是由人们的情绪决定的。当一个人被悲伤情绪笼罩的时候，他的瞳孔会暗淡无光，黑瞳看起来只有一点点，整个人也看起来无精打采；而当一个人处于兴奋状态时，他的黑瞳会尽量扩大，瞳孔也随之扩张，眼睛看上去炯炯有神，整个人也显得神采奕奕。

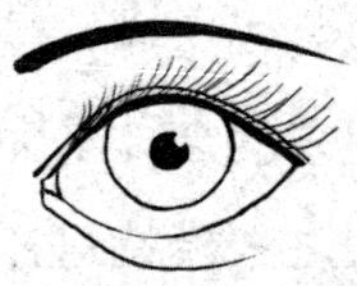
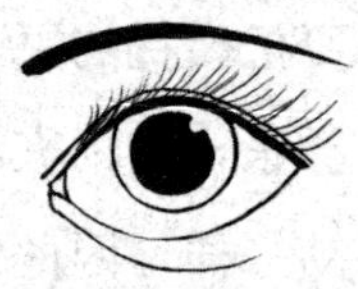
瞳孔的变化反映出丰富的内心世界

从生理角度来看，瞳孔主要受两组肌肉支配：瞳孔括约肌和瞳孔开大肌，前者的作用是它的收缩可以使瞳孔缩小，而后者的收缩可以使瞳孔扩大；前者受第三对脑神经即动眼神经支配（属副交感神经），后者则是受交感神经支配，当人受惊吓或情绪剧烈波动时的瞳孔放大都是交感神经兴奋的结果。但不同的是，人在处于惊恐状态之下时，瞳孔的放大是僵硬的、无神的。

当人对眼前的事物或人产生厌恶或憎恨时，瞳孔会出现收缩，因为此时脑部神经系统的信号是不希望看见眼前所见，作为光线进入眼内的门户，瞳孔会自然而然缩小，仿佛是在阻止眼前的东西进入视线。

因此，在日常的交际生活中，我们可以通过对对方眼神的判断和瞳孔的扩张与收缩判断对方当下的心理状态，以及他对眼前事物的接受程度。

眨眼的秘密

我们在拍照片的时候常常会收到摄影师的提醒，不要眨眼睛，但似乎总是控制不住，因此很多照片在拍摄出来后会有闭眼的情况，实际上就是在快门闪动的一瞬间，我们眨了眼睛。因此很多人认为眨眼睛是一种无意识的行为，是不受人的主观意识控制的，也是没什么秘密的。

然而，正是这小小的眨眼行为却是很多专家学者研究的重点。日本东京大学的心理学家中野玉见博士曾经说过："我们似乎下意识地寻找眨眼的最佳时机，将眨眼时遗漏重要信息的可能性降到最低。"的确，当我们目不转睛地盯着一个目标看时，其实就是害怕错过还不愿耽搁眨眼睛的时间。英国的朴次茅斯大学心理学系的一个研究也发现：通过判断一个人的眨眼频率，可以判断对方是否在说谎。可见，一个微小的眨眼动作背后，竟然也隐藏着巨大的玄机。

人在厌烦眼前情景的情况下，会通过延长自己的眨眼时间来表达厌恶，仿佛是通过长时间闭眼来营造对方消失的假象。而说谎话的人眨眼频率的变化十分明显，在说谎的同时，他的眨眼频率会放慢，但是在谎话过后，他的眨眼频率又会加快到正常频率的 8 倍。这是因为说谎者在思考并表达时，希望自己更加淡定和平静，因此眨眼的频率会稍微降低；而当谎言说完之后，仿佛是自己完成了一项艰难的任务，身心和神经都放松下来，这时，快速眨眼成为下意识的不受控制的行为，因此眨眼频率会忽然上升。

当一个人主动延长自己的眨眼时间时，会有一种较为傲慢的表情显现出来。这类人常常会在延长眨眼时间的同时，长时间凝视对方，让对方产生一种被审视的感觉，这就充分显示了行为者目空一切的姿态，他对别人的蔑视也毫无悬念地流露出来了。当双方处在较量状态时，常常会以这样的眼神看着对方，以显示各自对对方的蔑视和不屑。而在焦虑状态之下的人，眨眼的频率会不自觉地增大，这是因为他们急于证明自己所说的话是真实的，并且希望得到对方或其他人的认可和肯定。

“挤眉弄眼”使眼色

在社交场合中，熟人之间经常会通过挤眼睛来传递彼此想表达的含义。这个动作在陌生人之间不太适用，因为它要求行为双方有一定的默契，并且对当下的情况也有相当程度的了解，否则在没有手势或口型的辅助下，很容易出现误会，甚至闹出笑话。

当两个熟人仅仅在彼此之间用眼神传递含义，朝对方挤眼睛时，很可能是因为他们所要表达的含义不太方便说出口，以免让更多的人知道，挤眼睛的一方多是明白了对方隐藏在话里的深刻含义，或是针对能理解他的一方说出了富有深意的话。其潜台词是：“我的意思，只有你明白的!”或是“只有我明白你的意思，别人不知道的!”这种情况在多人在场的场合中最好慎用，因为这种“挤眉弄眼”的样子很容易被他人捕捉到，泄露行为双方的机密不说，还会给其他人造成疏离感，认为你俩是在议论什么不可告人的秘密，也会被指责成小团体。

然而，相对有身份有地位的人也会用挤眼睛或眨眼睛的动作来传达自己的意思。例如，在古代，有权有势的封建家庭里，作为家中地位较高的老爷或者太太，常常会在有客人在场的时候对下人使眼色，让他们下去或是实行安排好的计划等。这时就需要对方有极为灵敏的观察能力和识别能力，也就是民间所说的“识眼色”。

在现代社会中，一些场合也会通过使眼色来提醒或暗示对方，什么该做什么不该做。例如，如果你在安静的会场和身边的人窃窃私语，很有可能受到别人眼神的提示，意思是你要停止说话，因为你的行为已经影响到别人了。当你面对两个出口或是入口而不知该从哪里进出时，站在旁边的人并不需要用话语告诉你这边还是那边，只要用眼神指向其中一个方向，你就能明白他的意思；当你需要起立或是上台，但又不知什么时间合适时，主持人会适时地递给你一个示意的眼神，你就像是接到信号一样上台或起立，其中可能并不需要相识很久才能具备的默契，而是一种很明显的眼神示意，在陌生人之间也可以顺利开展。

斜瞄式微笑的魅力

很多时候，人们在看东西或看其他人的时候，不会使用也不适合使用正视的方式，而斜视在这时或许可以表达更丰富的含义：感兴趣的时候和疑惑的时候都有可能采用斜视的眼神，斜视有时甚至能够表示敌意。当一个人在目光向斜处投出的同时，轻扬眉梢并面带微笑，那么就可以说明这是一种对眼前之物产生浓厚兴趣的表现。如果斜视的同时，行为人将眉毛压低或紧皱或者下拉嘴角，那就是在表示对眼前之人或事物的质疑、敌意或者批判。

恋爱中的女孩常常会用一种充满爱意的眼神看着自己心爱的男子，那就是微微低头，压低下巴，同时将眼睛抬起，向上看自己眼前的人。因为这会让眼睛显得更大更有神，而且可以让女人看起来像孩子一样天真纯洁。我们可以对这种心理反应做出这样的解释：小孩的身高比成年人矮得多，因此在看成年人时，必须抬起眼睛往上看；而孩子的眼睛本来就是充满纯洁天真的象征。久而久之，不管是男人还是女人，都会被这种仰视的干净目光所吸引，因为它能够激发出他们作为父母般的情感反应和关爱欲望。这种方式也经常作为求爱的信号，特别是女人，因为在低头的时候抬起眼睛往上看，也可以是一种表示顺从谦恭的姿势，这种姿势对强势的男人具有一定的吸引力。

下巴微微内收，抬起眼睛向上看同时保持微笑的表情，被一些行为学家称之为“斜瞄式微笑”。英国的戴安娜王妃几乎成了这种微笑的代名词。这种略带腼腆的笑容最容易唤起富有保护欲的男性内心的渴望。

因此当女孩希望获得心仪男性的青睐时，可以采用这种招数看着他，同时在微笑的时候带入不易察觉的羞涩，让他看到你小女人的娇羞，那么他的心很快就会被你征服了。

但是在同事或朋友之间，这种斜瞄式微笑有了新的含义。当你的同伴出色地完成了一项任务时，他满意地吐出一口气看向你时，站在旁边的你可以给他一个斜瞄式微笑，就仿佛在对他说：“你刚才的表现太精彩了！哥儿们，你真棒！”如果还能配上一个俏皮的眨眼动作，就更可以说明你对他的鼓励和满意了。

鼻子上的微行为

人的面部器官中，眼睛和嘴巴的动作幅度都可大可小，灵活性也很大，唯独鼻子，仿佛是静止的一样，它的变化也很难引起人们的注意。在观察别人面部表情的变化时，鼻子上的动作几乎起不到参考的作用。

实际上，这种观点并不准确，人因为内心情绪的变化引起面部表情的变化，是相对于整个面部而言的，面部器官中的任何一个都可以并且一定会以各自的变化衬托出来。

鼻孔的变化就可以说明问题。一个人在受到兴奋、紧张或者是恐惧、惊慌的情绪刺激的时候，鼻孔会有不同程度的扩大。这是因为人处在情绪紧张的状态之下，心跳加速，呼吸也会适当地加快，全身肌肉受神经系统的控制，出现一定程度的紧缩，鼻孔扩大肌也会自然而然地紧缩导致鼻孔扩大。这和在相同情况下，人的眼睛会忽然睁大，瞳孔出现扩张是一样的。

鼻尖冒汗也是十分常见的，这种现象多出现在一个人受激动、兴奋、紧张情绪的控制下，这时候，人体需要更多的能量来维持正常的思考和行为，而人体的能量是线粒体提供的，线粒体在向人体提供富含能量的腺嘌呤核苷三磷酸（ATP）时，就会同时放出大量的水分，水分由毛孔排出体外，这就是我们通常所说的冒冷汗，而鼻尖的毛孔相对较大，因此会显得更加敏感。

当人群中，有一个人总是将鼻子向上提的时候，他很可能是在对刚才有所表现的人表示不屑。例如在公司的表彰大会上，一个平时表现得很不起眼的职员受到老板的大加赞赏，这就很可能引起另外一些人的不忿，他们会微微地提一下鼻子，上嘴唇也会跟着出现一点明显的向上移的样子，这时他们的潜台词就是："这有什么了不起的，我们都不稀罕呢!""我当时受表扬的时候，你还是个无名小卒呢!"

同时，总是向上耸鼻子的人，看人的时候也总是会用由上而下的视线，仿佛自己高高在上一样。这类人很可能性格比较傲慢，轻易不把别人放在眼里，对别人获得的成就也会表示不屑一顾，常常是一副凌驾于他人之上的姿态。

嘴角变化有玄机

一个人在抿嘴的时候，很可能是遇见了什么小麻烦，事情无法按照原定的计划实施下去，他只好用抿起嘴来的似笑非笑的表情来表示无奈。而当他遇见大麻烦的时候，抿嘴一笑是无法做到的，他的内心受到巨大的重击，面部表情除了表现痛苦之外，还很有可能会出现局部僵硬，例如嘴角。嘴角僵硬是因为他此时根本说不出话来。

嘴角上扬最典型的表情就是微笑，当人们处在愉悦或是满意的状态下时，嘴角会自然上扬，表示内心的欢喜，但是当我们心情很差的时候，嘴角的变化也会不自觉地显露出来。因此，在日常的社交活动中，如果人群中有人嘴角向下压着，我们基本可以断定对方此时的情绪是消极的，内心一定充满不愉快，我们就可以根据这种情况，做出适合的举动，如询问、安慰等。

当一个人总是沉浸在不愉快的气氛当中时，就会经常出现嘴角下拉的消极动作，而最可怕的莫过于习惯成自然。在社交场合中，经常嘴角下拉的人看上去总是没精打采的，对什么事情都提不起兴致，即便是在大家讨论开心的话题时，他也还是很难融入开心的气氛中。久而久之，下拉嘴角表现出来的消极情绪就会影响大家的积极情绪，因此经常下拉嘴角的人很难受到大家的欢迎。

相反，乐观开朗、经常微笑的人总是社交圈中的宠儿，大家显然更愿意看到嘴角上扬带来的喜悦之感和好心情。因此，如果你总是被消极情绪所影响，有下拉嘴角的习惯，不妨努力尝试微笑，改变这种不好的表情习惯，只有这样，你的人际关系和社交圈才会活跃起来，大家才会更加喜欢你。

当然，下拉嘴角有时也是在表示鄙夷，社交场合中常常有人对获得成就的人表示不屑，这时，他的嘴角就很有可能向下撇一下，仿佛在说“我才不稀罕呢”之类的话。这种表情所表现的心态某种情况下可以理解为：吃不到葡萄就说葡萄是酸的。行为人是用这种心态来缓解自己内心的嫉妒和醋意，他们看见别人得到了成绩就会想到自己，但却不是把这种情况当成是激励自己的动力，反而让自己的内心更加不平衡。这属于一种不健康的心理。

抬头微笑

在日常的人际交往中，开朗外向的人总是容易受到大家的欢迎，因为他们总是会与快乐一起出现的，他们走到哪里，仿佛就可以把笑声带到哪里，他们真诚的笑容也是一道美丽的风景线，尽管他们的相貌有可能并不出众，但他们扬起的笑脸却能够给身边的人带来积极的影响。相反，人际交往中，我们也常常会看到低头不语的沉默者，他们不擅长微笑，更不会常常带着欢声笑语，只是一味地低着头，仿佛不愿看到眼前的人和景一样，这类人常常会让身边的人觉得很压抑，甚至有些影响情绪。

实际上，经常低着头的人确实生活状态相对消极，总是喜欢对某件事情产生否定意见或是不满情绪，对身边的人或事也很难产生积极性。这类人虽然看上去沉稳安静，但是很难得到大家的接受。

正常情况下，低头也可以表示不满或否定。当你在和一个人交流的过程中，你正在口若悬河、津津有味地讲着话，他忽然面容凝重地低下了头，那么可以判定，你说了他不爱听的内容，或是否定的，或是不满意的，或是勾起他不愿回忆的事情，总之是你的话语让他产生不快，但是碍于情面无法直接打断你，于是通过低下头来传递不愿继续听下去的信号。这时你就应该及时调整自己的说话方式，或寻找有共鸣的话题来讨论，以免造成尴尬气氛。

微笑也是一种能让你更受欢迎的方式，因为只要是真诚的微笑，就没有人会拒绝。即便是陌生人之间，微笑也可以拉近距离；打招呼的时候，微笑往往更容易奏效。微笑会让你看上去开朗大方、乐观向上，因此很多人愿意受到你的积极情绪的感染而与你相识相知。一个温暖的微笑甚至可以改变一个人的心情，驱散他心中的阴霾。你对别人真诚微笑时，对方也可能会投给你一个温暖的微笑，可以为你带来一丝欣喜和愉快。因此多多微笑不仅可以为你带来更多的朋友，也可以使你得到更多美好的东西。

在日常的人际交往中，人的形象的确很重要，你需要在大家面前注意自己的仪态和身姿，还要注意自己的表情和衣着，这些都与你所处的场合有很大关系，但只要不是特别严肃凝重的场合，将头部微微抬起，面带微笑，这样的表情无论走到哪里都是十分受欢迎的，因为这样会让你看上去总是神采飞扬，容易得到好评。

注意敲击桌面的手

手部的灵活性令人称奇，手指和其他物体的接触和敲击可以说明行为人所处的状态和心情。如果在社交场合中，我们能够积极观察和思考，捕捉这样的微行为，对于帮助理解领导和其他同事的意思会具有很大的帮助。

我们在日常生活中常常看见这样的场景：公司例会上，经理讲着最近大家的表现和公司的业绩，讲到迟到请假的问题上时，经理的声音顿时凝重了几分，当说到请假迟到的情况越来越严重时，他不由自主地将手指重重地敲在了桌面上，边敲边骂着，在座的员工连大气都不敢出了……这种做法能够充分说明经理的气愤程度。也就是说，当一个人在说话的同时，用一根或两根手指的关节处猛烈地敲击着桌面时，证明他正在气头上，他希望通过这种方式对听话者起到警示的作用。

另外，这个动作也可以表示急切与烦躁。假如你和另一个人在交谈的过程中，你一直在讲话，对方的手放在桌面上开始拨弄水杯或是其他东西，后来又开始不停地抖动手指，最后开始在桌面上轻轻地敲击起来，这一系列动作都在说明，你的讲话已经令他产生了烦躁的情绪，他已经没有耐心听你讲下去了，这种动作就是表示他在强忍着你，他手指敲击桌面的动作越快，就证明他越是急躁。这时你最好临时采取策略，换一个他可能感兴趣的话题来吸引他的注意。

此外，有的人在思考问题的时候也喜欢做这个动作，图书馆里埋头苦读的学生，常常会在低头看书的过程中穿插这样的动作，他们紧皱眉头，目光专注，手指不停地轻敲桌面，有时甚至只是在空中点几下，做出象征性的动作。这种动作被一些行为学家理解为缓解压力的方式，说明这个人现在正在思考一个重要的问题，这种思考让他心绪沉重，丝毫不能分心，用手指做出敲击的动作可以缓解这种沉重，这种解释也是十分有道理的。

还有，现在也有人用手指轻轻点击桌面的动作来表示感谢，因为当别人给他倒水或为他服务时，他因为正在讲话或是无暇说出“谢谢”两字时，就会用这种方式表示谢意。这类人通常很有教养。

第六章
伪装下的情绪涌动：沉静与动摇

她为什么双颊绯红

两百多年以前，英国的生物学家、进化论的奠基人达尔文在他的《物种起源》中提到，脸红是人类特有的表情。著名生物学家、美国埃默里大学的弗朗斯·德瓦尔教授把脸红描述为“进化史上最大的鸿沟”之一。很多人都知道，人尤其是少女在害羞的时候常常会脸颊绯红。按照生物科学的解释，这是由于心脏跳动主要是受到交感神经的控制，而当我们看到或听到令我们精神紧张、心跳加速的事情时，眼睛和耳朵立即就把消息传给了大脑皮层，而大脑皮质又会对肾上腺产生刺激，肾上腺受到刺激以后就会立刻做出相应的反应，分泌出肾上腺素。当肾上腺素的分泌处在量少的状态时，脸部的皮下小血管就会扩张，导致脸红。可是当肾上腺素大量分泌的时候，反而又会使血管收缩。

当人处在紧张的状态下时，心跳会自然而然地加速，表现在脸上就是面部肤色变红。这种紧张状态可能是多种因素造成的。例如，当心爱的人出现在眼前时，少男少女的心就会“怦怦”乱跳，再被心爱的人深情望一眼，他们的脸就会瞬间变红；或是一见钟情的一对男女，在四目相对的瞬间，姑娘的脸颊一定会飞上两片红晕，而小伙子的脸也会涨得通红，这种纯真的爱情令很多人都羡慕不已。

实际上，能够引起脸红的情绪变化，并不仅仅是害羞，还包括很多能让内心受到撞击的事情，例如尴尬和愧疚，或是谎言被揭穿。当然，这些情绪对身体的影响并不是很大，也就是说，它们只能刺激肾上腺素的少量分泌，从而引起皮下血管的扩张。如果是愤怒等情绪，则会较大程度地刺激肾上腺素，当肾上腺素大量分泌的时候，皮下血管收缩，导致脸红的样子改变，因此，我们常常听说这样的话："看把他气的，脸色红一阵白一阵的……"

然而，东安格利亚大学的心理学家雷·克罗兹教授认为，在愧疚的时候脸红，对行为人来说，实际上是一件好事，因为"人们是在通过这种方式来传递对群体致歉的信号……这让人们知道他们做错事的感觉。它能平息敌对状态，让其他人更快地原谅你"。

神奇的 NLP

我们可以通过观察他人眼球的动向，大致判断行为人当下的心理或思维状态，据神经科学家的研究，人类在思考时，大脑里的不同区域会被激活，而这会导致眼睛以不同的方式运动。美国心理学家葛瑞德和班德勒的研究成果更是十分奇特，那就是利用眼球动向来解读行为人正在回忆的场景中，他本人是受什么感官感知的，也就是说，他们当时是在看一幅画面，还是在听一种声音，是在闻一种味道、尝一种味觉还是在摸一个东西。对不同感官的回忆也会影响眼球转动的方向。葛瑞德和班德勒两位教授将这种观察技巧称之为"神经语言程序学"（Neuro Linguistic Programming，NLP）。

这两位心理学家的研究结果表明，如果一个人正在回忆某个看过的东西，也就是一幅画面时，他的眼球会转向上方。如果他是在回忆某个听过的声音，例如身边的人说过的某一句话时，他的目光会投向侧面，通常是左侧，同时头部会微微向左倾斜或转动，做出一副正在聆听的样子，这也是他回忆当时场景的一种表现。如果他正在回味某一时间段内他自己的感觉或是情绪，他会把眼珠转向右下方。如果他仅仅只是在内心里自言自语，盘算着什么的话，他的目光就会投向左下方。

然而，由于这种眼球的转向只是人的一种下意识的行为，行为人自己根本不会注意到，并且这种变化往往是在瞬间发生，同时还伴随着其他面部表情和态势语，语气的变化也十分明显，我们在观察的时候会受到这一系列的影响，以便更好地倾听和理解对方用语言和肢体语言表达出来的内容，所以我们几乎很难对这些眼球转向传递出来的信号进行实时的追踪和解读。科学家也只能通过录像带和反复细致的研究和比较才能得出这样的结论。

此外，葛瑞德和班德勒两位教授的实验结果还公布了几个数据：35％的人经常喜欢通过回忆某个画面进行思考，也就是科学家所说的“将目光转向视觉信息频道”，如果这个时候你能够提供一些相关的照片、表格或是曲线图给他们看，就一定能够准确地抓住他们的注意力。而有25％的人更偏爱听觉频道，他们在接收信号的时候，更习惯依靠听觉，当他们听见什么声音时，会迅速地将目光投向左侧面，尽管这是下意识的动作，这类人喜欢跟其他人保持融洽合拍的关系。剩下40％的人更喜欢将目光转向感觉频道，也就是通过回忆自己的感觉来做出判断，这时你就应该用实例来展示自己的观点，让他们能够通过切身体验来实现思考的目的。

向左上方移动的眼球： 视觉频道

人们眼球的转动方向很大程度上能够表现出此人当下的内心所想，例如，他是处在猜测的思考状态之下还是处在回忆之中？他是在搜索记忆还是在编织谎言？通常情况下，人的眼球转向左上方时，可以断定行为人是在回忆某个画面或细节。我们可以通过现实生活中十分常见的场景作为例子来验证这一结论。

当你询问一个已婚的女性婚礼上的场景时，你通过细致的观察就可以发现，她的眼球转向左上方，不停地眨着眼睛，然后开始向你展示她的幸福，也就是开始讲述婚礼上的种种感人至深或是温馨浪漫的细节；当你问及一个背包客在哪里旅行印象最深刻时，他可能在进行了短暂的回忆之后回答了你的问题，并开始向你讲述他的经历，在此过程中，他一定会时不时地将眼球转向左上方，也就是说他的眼神在看着你和向左上方转动之间交替着。实际上，他们的眼球下意识地转向左上方的时候，在他们的脑海中一定浮现出一幅画面，这幅画面是之前他们经历过的、并且是念念不忘的。他们所讲的内容，其实就是他们在当时身处那样的画面之中的感受和心情。

在被问及一些事实性问题的时候，一些人需要在大脑中快速寻找答案，对一些事情的细节进行回忆，这时，他们的眼神也会向左上方转动，努力回想一个经常出现在他面前的但却没有给他留下深刻印象的画面。假如你的一支钢笔在刚才开完会之后就不见了，你认为有可能被落在了会议室里，当你去询问公司的秘书，公司会议室的桌面上有没有什么东西时，他很可能会将眼球转向左上方，竭力想着他离开会议室时扫视了一下桌面的样子，这时，会议室的桌子的样子就会展现在秘书的脑海里，然后他基本上可以较为准确地回答你的问题，除非是他完全没有在意，在关门的时候根本没有看桌面。

当然，对方眼球向左上方向转动时，他正在努力回忆的画面在他脑海中并没有足够准确的记忆，因此，他需要一个短暂的思考过程，如果是被问及一些常识性的问题，他自然会脱口而出，而不是转动眼珠，细细回想了。

向侧面转动的眼球：听觉频道

当一个人的眼神下意识地向侧面转动，可以判断这个人是依靠听觉来进行回忆或思考的。如果在你与他人交流的过程中，他的眼球不断转向侧面，你不妨给他一些声音方面的提示，因为他对声响、话语、音乐等听觉涉及的内容更加敏感，回忆或思考的时候，首先想起的也主要是某种声音以及与声音有关的某些细节。

例如，有几个朋友刚刚看了新上映的电影，你向他们询问电影好不好看时，眼球向侧面转动的朋友一定会告诉你这部电影在音效、背景音乐以及主人公声音和台词等方面的特点；再如，回家之后，你想起今天逛街的时候你在路上听过一首好听的歌曲，你不知道这首歌曲的名字，便向同行的朋友问起，而他刚好是一个“听觉频道爱好者”，只要你哼出旋律或是唱出一句歌词，这首歌曲便回荡在他的耳畔了，很快他就会告诉你答案。

当你问及一个朋友关于大学时代元旦晚会的有关细节时，如果他是一个听觉频道的爱好者，也就是说他的眼球会向侧面转动的话，他给你的回答一定是和声音有关的，例如某一位同学唱了一首很好听的歌，或是有一位主持人说话的声音很好听之类的。因为一旦大脑接收到需要回忆的信号时，他所回忆的场景就会浓缩为各种声音的集合，在他的耳边回荡起来。这时，如果你在一旁做一些相关的提示，通过声音方面的内容，引导他想起更多的事情，对回答你的问题有很好的效果。

他们还经常有一些口头禅，例如，即便是在场的所有人都听见了门铃或手机的铃声，他也会下意识地说一句“门铃响了”，他们也会最灵敏地听出极为相似的两种声音之间的异同，例如，你今天身体不太舒服，有一点轻微的鼻塞，他就会立刻听出来，立刻说“这个声音听起来不对劲”。这都是听觉频道爱好者的常规表现。

当一位音乐家在进行创作的时候，思考如何谱曲，如何进行乐曲的组合时，他的眼球也会向侧面转动。因为他们的脑海里主要填充着各种各样的音符，他们是更典型的听觉频道爱好者。

丰富的摇头动作

通常情况下，我们通过点头表达赞同和接受，摇头则是表示否定和拒绝。这仿佛已经成为一种定律，跨越了国界和年龄，几乎成了全世界范围内通用的肢体语言。

点头在绝大多数情况下，是表示赞同和接受的。当我们在倾听对方说话的时候，如果对方所讲的观点刚好是我们十分赞同的，即便是不需要我们表态的时候，我们也会下意识地点点头，潜台词就是：“对对对，说得很好，和我想的完全一样。”或是“说得太好了，这正是我想说的！”如果在对话过程中，彼此可以达到这样的交流，那么就证明谈话双方产生了共鸣，对某个问题的看法和观点非常接近，他们会越谈越投机的。有时，一些身份地位较低的人，也会通过“点头哈腰”来趋炎附势，讨好上级，对于上级或领导说的话，不假思索地一味点头称是。

点头也是一种打招呼的简洁方式。即便是我们身在语言不通、文化相异的异国他乡，在受到别人的帮助或肯定的时候，我们也会通过点头微笑来表达感谢或简单致意。在受到鼓励或是需要鼓励别人的时候，有力地点头也是一种十分奏效的无声的表达。

摇头表达拒绝或否定，在我们还是小孩子甚至是婴儿的时候，就有所表现了。一个还不会说话的婴儿躺在襁褓之中，如果他已经吃饱了，但是母亲又把乳头塞进他嘴里，这时，他肯定会紧闭双唇，摇着头表示反对。稍微大一些的时候，面对自己不喜欢吃的食物，就会用摇头来表达不吃的意思；同样是在倾听别人发表意见的时候，如果我们听到了和自己观点相异或是与事实不符的内容时，我们可能并不会立刻站起来提出反对意见，而是会轻轻地摇一摇头。因为摇头表达拒绝或抗议的含义太过明显，在正常的交际生活中不便时时处处表达，因此，摇头的动作被逐渐演化为将头转向另一边，以此来表达与摇头意思相近，但相对更加婉转和柔和的意思，这种动作可以理解为一种避开的动作，相对摇头表达的抗拒和否定来说，将头部转向别处来表达避开是一种消极的抗拒和否定。

很多时候，不正常的摇头有掩盖的嫌疑。例如犯罪分子在被警察戳穿罪行时，很可能会连连地摇头，动作幅度很大，这种拒绝承认的表现显然有掩盖事实真相的嫌疑。在被极度误解或冤枉的情况下，大幅度地连连摇头也会出现，这需要根据不同场景和背景来做出具体判断。

一种姿势多种含义

世界上，因为文化和生活方式的差异，同一个动作或表情在不同的地区会表达完全相反的意思，例如仰头的姿势，在一个国家和地区是表示否定的，而在另外一些国家或地区，则是表示肯定的。

在我们的日常生活中，摇头是表达否定的最常见的动作，而希腊人会用另一种方式表达否定，那就是仰头。当希腊人看到或听到了和自己的想法或观点相背离的说法或做法时，他们会挺起胸，把头向后仰，以这种方式来表达否定。当他们需要表达某些人或事物的否定或不满时，他们也会做出仰头的姿势。

而在新西兰北部的一些地区，仰头的姿势恰恰是在表示肯定。他们在获得了一定的成绩或是做了自己满意的事情之后，会仰起头，高兴地笑出声来或是感慨一番。他们用仰头的姿势表示对自己行为的认可和肯定。

在我们国家，这种场景有时也会看到，当我们取得了期待已久的一个 offer 或是荣誉时，有时并不适合将内心的欢喜立刻表现出来，也不适合做出跳跃或开怀大笑等表达喜悦的动作，反而会做出很沉静的反应，例如，双手紧握 offer 或奖杯，双眼和嘴唇都紧闭着，微微地仰起头，一个人静静地待一会儿，让自己从狂喜中冷静下来。这种喜悦的表达方式更适合有身份、相对较为稳重、阅历丰富的人。

在我们的日常生活中，也常常会遇见这样的场景。当我们看见蔚蓝色的大海、金灿灿的麦田或是登上山顶的时候，总是喜欢张开双臂，微微地抬起头，做出一副陶醉的样子，仿佛是将自己的身体全都打开，来拥抱这美丽的景色一样。

如果我们在一个有外国朋友在场的场合中，一定要注意不同的姿势在不同国家和地区具有不同的含义，尤其是仰头在希腊、土耳其和其他地区所代表的含义是完全不同的。在这种情况下，我们最好能用语言进行清晰完整的表达，以免造成不必要的误会和曲解。

普遍意义上，仰头和低头对比之下，仰头能够表现积极的状态和面貌，表现出行为人良好的精神面貌和自信乐观的心态。

拍打头部为哪般

很多时候，人们会通过拍打自己的头部来表达感情，这一动作引起了很多科学家和专家学者的注意。美国谈判协会的杰勒德·尼伦伯格就将这个动作细致地分析了一番，他发现，拍打头部的不同位置与具体的事项有关，并且与人的性格也有关系。

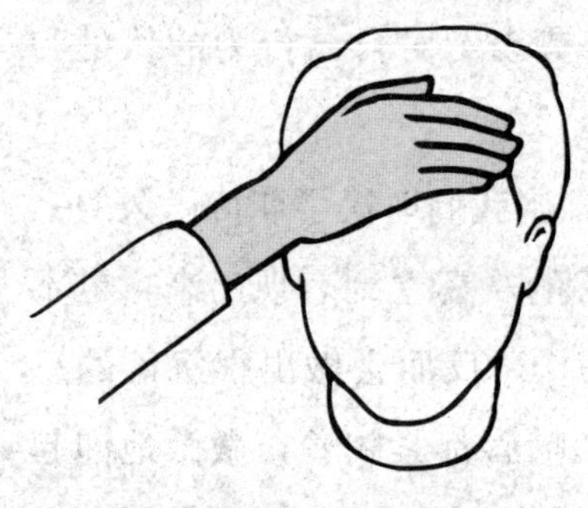

拍打前额的人更容易相处

据杰勒德·尼伦伯格称，在拍打自己的头部时，习惯于拍打后颈部位的人通常性格比较内向，或者是为人比较刻薄，这种刻薄既是针对别人，也是针对自己；而那些习惯于拍打前额的人则可能相对外向而且待人比较宽容，相比之下更容易相处。

通常情况下，拍打头部给人的感觉是行为人由于自己的疏忽给别人造成麻烦，从而通过这一手势表达自责。例如你让一个正要外出的朋友帮你捎一样东西，这件东西对你来说可能并不是十分重要，他回来的时候，你在向他询问并索要东西时，他猛地拍打一下自己的头部，接下来，他的表情一定是惊慌地愣了一秒，然后他的回答一定是：“哎呀，我忘记了！”

如果是你和朋友正在一起玩桌游，其中一个人输掉了这盘游戏，这时有人告诉他，“如果你在刚开始的时候就出这样一招，你就不会输了！”这个输掉游戏的人很可能也会拍打一下自己的头部，做出一副恍然大悟的样子，并发出这样的感慨：“对对对！我刚才怎么没想到呢！”

或者是在一个人犯过错误或失掉一个机会之后，或是走了什么弯路，他听从了别人的解释和正确的方法，也会很自然地用手连连拍打自己的头部，不停地说："哎呀，对呀，我怎么这么笨啊！""我早该想到的啊！"

如果你在日常的交际场合中看到有人做出用手拍打头部的手势，那么你需要进行细致的观察和耐心的揣测，同时你还有理由认为他的内心隐藏着某些负面的想法。这种负面的想法究竟是什么呢？它可能是怀疑、隐瞒、不确定、吹嘘、忧虑，甚至是撒谎。想要通过简单的观察来判断拍打头部的动作究竟隐藏着什么样的负面想法是很困难的，要想做到这一点，就必须仔细认真地观察对方的每一个手势和眼神，时时刻刻注意他的肢体语言和动作，并且要结合整体的环境和背景来分析他内心的真实想法，这需要有长期积累的对身体语言的解读。

抓挠后颈有几种可能性

在日常生活中，我们常常会做出抓挠后颈的动作，在前面我们已经分析过了后颈起鸡皮疙瘩的原因，而抓挠后颈的动作也与此有关。但是做出抓挠后颈的动作，实际上有很多原因。

在很多情况下，抓挠后颈可以表现一种说谎后的不安情绪。犯罪嫌疑人在接受公安人员审讯的时候，当被问到事情的关键或要害之处时，犯罪嫌疑人会矢口否认，他表面上虽然佯装得十分镇静，但是他的微行为和小动作很有可能会出卖他，他会下意识地抓挠一下自己的后颈部，侦查人员可以通过这个微小的动作质疑他所说的话的真实性，并且由此作为切入点做出细致深入的分析，从而最终得出正确的判断。

人在说谎的时候往往会做出抓挠后颈的动作。我们常在娱乐节目或是访谈节目中看到明星这样的动作，尤其是在面对镜头时，他们被记者问及一些绯闻问题，例如："听说某某（可能是他的绯闻女友）结婚的消息了吗?"这位明星故作镇静地回答说："没有听说。"说话的同时，他抓挠了一下自己的脖颈……显然，他是在说谎。

抓挠后颈的动作还常常在另一种场合中出现，那就是一个人感觉害羞、尴尬或难为情的时候。例如，当你询问一个要好的朋友是否帮你办妥你交代给他的事情时，他可能会恍然记起，随后抓挠着后颈露出憨笑的表情，腼腆地说："不好意思，我给忘了。"这个动作虽然简单，但是显得十分淳朴和真挚，也有效地表达了他内心的歉意，你自然不会责备他了。

另外，当一个人感到懊恼时，他也会做出抓挠后颈的动作，但不同的是，这时抓挠后颈的动作幅度和力度都会相对较大，并且显得很慌张和烦躁。例如，公司的例会上正在讨论一个策划方案，可是大家所提出的方案都有着这样或那样的问题，没有什么可行性，这时，领导就会抓挠着后颈露出烦躁的神情，气呼呼地说："今天就这样吧，大家回去再想一想，明天继续开会讨论!"这时，这位领导抓挠后颈的动作明显地告诉员工，老板已经在气头上了，如果在下次讨论的时候还是不能提出有效的方案，后果将会很严重了。

紧握双手的秘密

我们常常在西方的影视剧里看见这样的场景：一个人站在教堂的十字架前面，紧握着双手，嘴里念念有词，面容镇静而严肃。大家都知道，他这是在做祈祷。在基督教的组织和社会里，紧握双手是一个向耶稣祈祷的姿势。很多耶稣信徒在日常的生活中也会利用这个手势，他们在处于危险、紧张、焦虑和无助的时候，都会紧握双手开始祈祷。

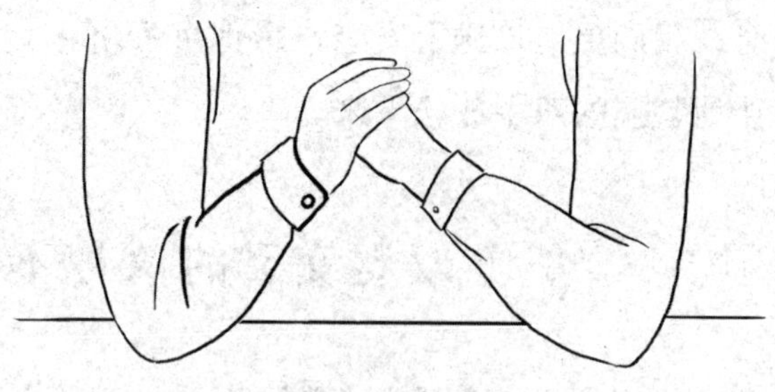

表示挫败感的紧握双手

在我们的日常生活中，也常常遇见紧握双手的人，那么他们又是在表达什么样的情绪呢？你不妨回想或留意一下生活中最常见的场景和身边的人。例如，等候在产房外的丈夫十分挂念产房里妻子和孩子的安全，但是自己又不能亲自守在妻子身边，只好乖乖地在外面等候。紧张的内心会让他们坐立不安，他们总是来来回回不停地走着，神情极为紧张，这时，他们的双手也常常会下意识地紧握在一起。因为他们的双手需要抓紧一些东西来寻找安全感，而最现成的就是自己的双手，所以他们总是将自己的两只手紧紧地握在一起。高考已经成为全民大事，每年夏天，有将近一千万个家庭会因为这场考试而无法平静。高考那两天，等候在考场外的学生家长也是一道令人心酸的风景。他们内心焦虑不安，但是又毫无办法，只能紧握着双手走来走去，等待着孩子走出考场……因此，在很多情况下，紧握双手都是表达行为人内心的紧张和焦虑不安。

还有一种情况，紧握的双手也可以表现挫败。当一个人感到十足的挫败时，也会将双手紧握在一起。例如一个原本自信满满的人一直口若悬河地讲述着发生在自己身上的成功案例，并在大家面前分享自己的成功经验；而忽然之间，一个和他共患难的朋友站出来，说他所讲的成功经验根本不值一提，并让他给大家讲述他不成功的案例，这时，他的内心一定有很大的挫败感，站在大家面前的他可能会将双手握紧放在胸前或腹部，神情显得有些拘谨和沮丧。紧握的双手位置越高，他内心的挫败感就越强。

我们大可不必这样咄咄逼人，在看到一个人因为挫败感而紧握双手时，我们更应该送上安慰，帮他沉静下来，递给他一支笔或是一杯水，让他紧握的双手放松下来。

双臂交叉的两种不同情况

我们在日常生活中常常可以看见双臂交叉的姿势，这个姿势可以表示防御和缺乏安全感，也可以表示拒绝和傲慢的态度。具体的情况需要根据具体的环境背景来决定。

常见的双臂交叉有两种，一种是缠绕式的，一种是抓握式的。据心理学家的实验表明，抓握式的双臂交叉更容易体现行为人内心的焦虑和不安。例如你看见一个女孩子在人群里孤独地行走，双臂交叉着，两只手抓握着上臂，那么她很有可能是刚刚受到伤害或是对身边的环境充满了恐慌和担心，也说明她此时十分需要保护和安慰。抓握式双臂交叉代表了一种紧张、消极、不安的情绪。

如果在你说话的过程中，对方时不时地出现这样的姿势，那么你需要注意了，如果不是因为他的性格比较内向，抓握式双臂交叉属于习惯性动作的话，你应该反思一下自己的说话方式、内容或是行为举止是不是让他觉得不舒服了，如果是你的原因，那么就需要你适时地调整策略了。抓握式的双臂交叉实际上是一种缺乏安全感的表现，因为紧紧抓住另一只手的上臂看上去会更加牢固和有力，是人自我保护的一种方式。

而相比之下，缠绕式的双臂交叉则会更多地凸显一种有气势的自我防御，更多时候可以理解为一种抗拒和不接受，因为做缠绕式的双臂交叉姿势，双手处在自然的状态下或是握紧拳头，有一只手是藏起来的。这种方式的双臂交叉姿势表明行为此时处于自我封闭、拒绝介入的状态之下，不愿接受邀请。例如，当你在商场中停下脚步看一件商品时，销售人员在你的身边详细地介绍着这件商品的特点和性能，而你对此不是特别满意，这时你就会将双臂缠绕着交叉在胸前。

实际上，你的缠绕式交叉双臂的动作已经在无声地告诉销售人员，你对这个产品没什么兴趣，他的介绍已经是徒劳了，接下来你一定会缓缓地离开这个柜台，去寻找更适合的商品了。相反，如果你是一个销售人员，看见顾客作出了这样的姿势，那么你就应该迅速调整策略，询问他喜欢什么类型的，对商品有什么要求，帮他寻找令他满意的商品。

第七章 谁会处在受支配的地位：强势与软弱

主动移开视线的人更加强势

第一次见面的人，如果在谈话中主动将视线移开，你就要小心了。如果你认为这是他不愿理会你或是对你有了成见，那你就错了，他将视线移开证明他已经掌握了本次谈话的自主权和主动权，从这时开始，你的情绪很快会完全被对方掌控或左右。所以，对于初次见面就不集中视线跟你谈话的挑战型对象，应特别小心应付。在交谈时，如果某一方自认为站在高于对方的地位时，他就会试着先移开视线，这样做将对方置于相对被动的局面，使对方感觉不悦，开始在脑海中搜索原因，同时反省自己的行为和言论，这种不自信会扰乱他的思维，说话的语气也因此受到影响，这么一来，气场就会被对方压过。因此可以说，主动移开视线的人可以为自己塑造强大的气场，并享受这种气场带来的优势。

我们往往可以在电视剧中看到这样一种剧情，两个从未谋面但是在江湖上都负有盛名的大侠第一次见面时总会有一段良久的对视，表示对这位从未见过的对手的好奇，再进一步就是仔细地观察对方，然后得出结论：我和他究竟谁更厉害？这时，答案又会回到两人见面开始时就进行的对视，谁看着另一个人先移开了自己的目光，他就是比较强势的一方。

但是如果两个初相识的人见面，已经寒暄了很久，双方还没有将视线转移开，或者两个有敌对倾向的人一直瞪着对方，谁都不愿先移开视线，这两种情况都可以说明，双方都希望自己掌握主动权，表现在眼神的辅助上，就是不得不增加眼神互相注视的时间。基于约定俗成，多数人在刚开始说话的时候，或是所讲前四句话的时候，就会移开目光转而看别的地方；而当话说完时，大家又会把目光挪回来注视着对方。这样既不失尊重，又不会显得怯懦，同时也会给人落落大方的感觉。

如何有效利用视线

眼神可以看作是人的第二副表情，因为眼神几乎可以表达所有感情，如欢乐、伤悲、痛苦、忧愁、惊讶、满意、喜爱、厌恶等，在日常生活中，运用眼神表达情感有着更大的发挥空间和实用效果。此外，如果你想控制对方，也可以通过控制对方的视线来实现。

在日常生活中，死死地盯着一个人看就会产生一种监视或警告的效果。在警察审讯案犯的时候，常常会用眼神盯着犯罪分子；父母训斥孩子的时候也会选择用严厉的眼神盯着犯错误的孩子，这种“怒目而视”通常可以营造不怒自威的效果，给对方形成无形的压力，为自己增添一分力量的支持。

而善意的眼光也可以表现鼓励、许可和赞同。在面对面交谈的情况下，面面相觑会使双方都不太自然，一般来说，说话者不宜将视线停留在听话人的身上，这样容易使对方产生一种压力，认为你的话非听不可，因而带有一种强制的感觉，说话者减少看着听话者的次数，既可以让对方处在较为轻松的听话气氛中，也可以将自己的注意力更多地放在所要表达的语言内容上，从而减少听话者带来的干扰。听话者在进行反馈的时候，可以看着说话者，一则表示“我在听你说话，你可以继续讲下去”；二则可以表示“你讲的内容很有道理，引起了我的思考”。这样一来就会形成十分和谐的对话环境。

如果你是一个面对很多听众的讲话者，你需要通过一些手段来控制听者的视线，从而将他们的思路列入你能控制的范围内，使听者能够更好地领会你所表达的内容。最简单的就是将听者的视线集中在一个特定的平面范围内。例如老师在上课的时候喜欢用粉笔在黑板上写写画画，列出一些重点，或是做一些标记符号，这就是一种有效的视线控制，因为从生理上讲，视线控制对增强记忆力有着十分重要的作用。在这种情况下，听者的视线被讲话者提供的某一点吸引过来，思路也就受到了控制。

由上而下的打量

在日常交往中，常常会用到“打量”这种看人的方法，正确的“打量”方式可以使被打量的一方感受到丰富的感情，从而取代语言的作用，让人觉得温暖和舒服。在打量人的时候，不同的身份地位或者心理状态决定了不同的打量方式。由上而下的打量通常会带有一种关怀的目光。在家庭中，长幼尊卑地位不同的情境中，或者在社会中，权力等级地位不同的场合中，会出现由上而下的视线。

由上而下的眼光通常是由强势一方发出的，象征了一种地位的显赫与尊贵，也象征了身份上的威严与权力，因此长辈看晚辈或者上级看下级的时候，视线是由上而下的。如果长辈和上级在注视晚辈和下级的时候，目光柔和地由上而下地打量，通常是一种欣赏和关爱晚辈和下级的表现，与此同时，还会伴有微微的笑容，因此，作为晚辈或下级，面对这样的“打量”，完全没有必要感觉不自在或恐慌，大可以从容自信地表达自己的思想或想法，这不仅不会受到长辈或上级的批评，反而是表现自己的好机会，能够让长辈或上级看到自己的长处和优点，从而得到青睐。

在与陌生人交往的过程中，也常常会碰到这样的“打量”，这种打量虽不同于长辈对晚辈或上级对下级的由上而下的关怀，而是一种上下反复的打量，但是也没有必要觉得反感，初次相见的人会不自觉地将目光投射到对方身上，以期留下更深的印象。然而，如果每次的打量都是由上而下，并且这种由上而下的视线表现出的是宽容、关怀、慈爱并且略带威严，则大多是长辈或上级的目光。这种目光是基于心理上的关怀或关注，而非无意识的注意。

三角区域造成的威严感

科学实验证实，在普通社交场合中，注视的目光90%都会集中在对方两只眼睛和嘴巴组成的三角区域内。因为在一般思维之下，这样的目光是没有侵略性的，很容易使对方放下戒备，感受到一种安心。然而，以双眼连线为底边，与眉心额头一线形成的三角形则会给人以严肃威慑的感觉。宋代的包拯是中国历史上著名的青天大老爷，他的形象也成为公正严明、廉洁无私的象征，原因之一是黑色给人以庄重严肃、刚烈正直之感，原因之二则是因为他额头上的月牙与炯炯有神的双眼形成了一个威严的三角，那月牙就好像是第三只眼，无论做了什么事情都逃不过他的三只眼睛。

在日常生活中，一般来说，当一方把目光投向对方额头和两只眼睛组成的三角区域时，会不知不觉地感受到一种来自对方眉宇之间的威严感，自己的地位也会不知不觉地变得有些被动和低微，始终有一种被拷问甚至被威胁的感觉。如果谈话一方总是将眼神置于对方面部的这个三角区域，这就容易使对方不知该如何应对，讲话也会犹豫不决，思维出现混乱，从而会使得谈话进程陷入僵局。所以在一些气氛友好的场合中，一定不要注视对方的这个三角区域，以免造成不必要的尴尬。

相反，如果在谈话中，目光注视对方两只眼睛和嘴巴组成的倒三角形区域，则会给人和善的、友好的、尊敬的感觉，谈话的气氛会十分缓和，双方的关系也不会受到影响。然而如果在多方谈话中，有人一味地表达自己的见解，絮絮叨叨，不给别人说话的机会，其他方就可以采用这种方式，注视他双眼与额头形成的三角区域，给他造成威严感，让他反省自己的行为。

死盯着对方的眼睛不转移

大家一定遇到过这样的事情，在公共场合，比如公交车上或者地铁上，自己一回头总是能看见有人正盯着自己看，让自己感到十分不舒服。你如果先把目光移开，余光还能看见他继续这样盯着你看，那你心里肯定会更加不舒服，没有人会被人家肆无忌惮地“扫描”还无动于衷的。其实避开这种人的目光的方法很简单，发现有人盯着你看了，你也盯着他，死盯着不要放开，不过一会儿他就会把眼睛转向别处去了。

当自己受到外来的挑衅或者攻击时，试着不要眨眼，盯着无视你权威的人的眼睛一动不动，同时有意地压低你的眉毛，这样来回应对方的挑衅。只要你一直这样一脸阴沉地盯着对方的眼睛，直到对方先把目光移开，避开你的盯视，你就取得了第一步胜利：用目光压制你的对手。

尤其当对方先把目光移开时，他往往还会用余光瞄一下你是否继续死盯着他，如果是，那么你的威慑将更具有效果。

很多人的目光不具备足够的震慑力是有原因的，就是当别人盯着他的眼睛时，他总是那个先把目光移开的人，这样就会第一个输掉自己的气势。如果你是新官上任，想要下属感受到你作为领导的威严，那么就尝试用这种威严的目光从他们身上通掠一遍，尤其要死盯着那几个也一直盯着你看的死硬分子的眼睛，在目光上战胜他们，这样你的下属才会对你产生应有的敬意。

长久凝视使人更亲密

有一位小姐，快要30岁了还没有结婚，爸爸妈妈很为她着急，于是屡屡为她安排相亲，让她出去见各种各样的男人，可是这位小姐虽然每次都认真去和人交谈、了解过了，可还是对坐在对面的男士丝毫没有动心的感觉。直到有一次，她又去见了一位小伙子，那个小伙子在专注听着她说话的同时，还十分诚恳地凝视着她，这种凝视迅速拉近了两人的距离。这位小姐果然不再排斥恋爱，与这个小伙子认真交往起来。在交往的过程中，她感到两个人之间每一次的凝视，都会让她感到这个小伙子出自真心的感情。经过一段时间的恋爱，两个人就结了婚。

对现在的许多恋人来说，有时两人交谈时突然出现的空白期，或者有时两人的目光不知因为想到了什么而飘往何方，只要有凝视对方的习惯，然后笑一下，两人的默契也会越来越好。由此可见，长久的凝视有时会胜过语言的交流。有一个很简单有趣的“凝视法”，短时间内可以拉近恋人们的距离：两人约隔半米开外或站或坐，然后凝视对方的眼睛，要看得尽可能深，最好看到对方的“灵魂深处”去，对视两分钟后告诉对方自己看到了什么。

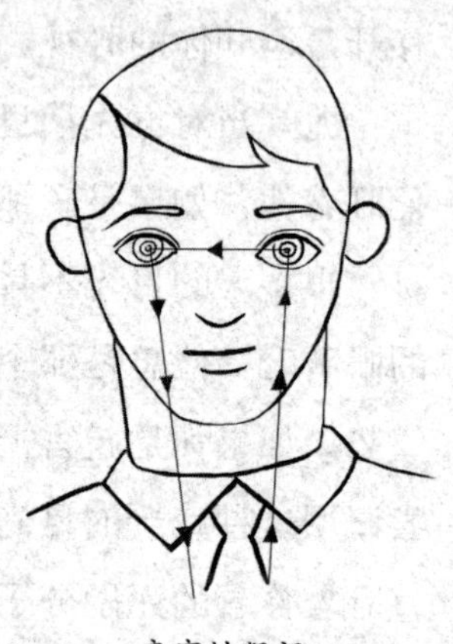

亲密性凝视

除了恋人之间的眼波流转，在生活和工作中，积极主动地进行目光交流也会起到良好的效果。例如在推销商品或者面试的时候，在与对方交谈时需要注意始终与对方进行积极的目光交流，千万不要目光躲闪，否则会让人觉得你不够自信。而大胆地注视对方的眼睛，不但可以建立更亲密的关系，还会使人觉得你自信满满、值得信任，从而得到更好的结果。

简单来讲，长时间的凝视就是行为人的眼光不愿意离开他当下正在凝视的人或物，换句话说，就是他现在正在看的东西是他希望并愿意看到的，将目光在这里的停留时间加长就可以多享受这个人或物带给他的精神或感官上的快感。如果互相凝视的双方都是这样的心态，相互之间的关系一定是亲密的，即便是不够亲密，双方也都很愿意将关系进一步发展。

高昂下巴有时会使人觉得高傲

有一些个性傲慢、瞧不起他人的人也喜欢在与别人交谈时高抬下巴，流露出一种藐视的意味，好像根本不想正眼瞧对方，而要用高人一等的目光看人。一般情况下，地位较高或身份尊贵的人在与地位较低的人说话时喜欢抬起下巴，这样可以强调自己的权力与地位，使对方感到一种威严。但是如果两个地位相差不多的人在交谈时，其中一方露出这样的表情就会使对方感到受到了侮辱。

有一位女士刚刚进入一家公司，工作了一段时间之后，她发现同事们好像都对她有些疏远。她有事请同事帮忙的时候，同事们总是利用各种借口拒绝，下班后也很少找她一起去放松娱乐。这位女士感到非常困惑，不知道自己究竟哪里得罪了同事们。后来有一个性格比较直爽的同事告诉了她，原来由于从小学舞蹈课中养成的习惯，她在走路时总是抬头挺胸，在遇到同事打招呼的时候也只是微微地点头，再加上个子比较高，因此使同事们觉得她有些傲慢无礼，瞧不起别人，因此也就渐渐和她拉开了距离。高昂的下巴会给人一种傲慢、藐视他人的感觉，即使有抬头挺胸走路的习惯，在遇到熟人时也要主动低下头来打招呼，并配上谦和恭顺的笑容，这样就可以给人一种平易近人的感觉，不会在无意中冒犯了别人。

在交谈过程中，如果对方一直高昂下巴，表现出一种高傲和目空一切的感觉，在应对时要把握好自己的态度。与这种傲慢的人打交道时，不要因为对方占据优势地位而放低自己的身份，也不要由于受到轻视而产生抵抗情绪，而是要尽量调整好自己的心态，用不卑不亢的态度与对方交涉，体现出自己的信心与风度，这样更容易得到对方的尊重。

高昂着下巴给人的感觉就是将自己置于高高在上的位置，对别人总是一副蔑视的表情，感觉像是从来不把人放在眼里一样。因此如果有人养成了这种习惯，最好尽量控制一下，以免给他人留下傲慢的印象。没有人愿意和总是高昂着下巴的人相处，这样一来，身边的朋友也会逐渐变得疏远了。相反，当我们结识了这样的人，在有了一定的了解之后发现他的本性并非高傲，高昂下巴仅仅是习惯时，完全可以与他相交深厚。

伸展手臂的不同含义

很多人在坐下时都喜欢将手搭在椅子扶手上，这样可以使人显得更加强势、更具有权威感。因为这种坐姿可以扩大身体占据的空间，使人看起来更加高大。伸展手臂是一种体现自信和权威的动作，人在感到舒适和自信时才会做出这个姿势。相反，当感受到不适和压力时，伸出的手臂就会立刻收回。例如，一个人在谈论自己的投资计划时表现出一副胸有成竹的样子，手臂伸展到旁边的椅子上，显得非常的自信，侃侃而谈，但当别人问到董事会对这件事的看法时，他立刻收回了伸出去的手臂，将双手放到了腿上。收缩的手臂说明这个问题使他感到了不适，果然，后来他承认董事会其实并不赞同他的投资计划，他一直为这件事感到很苦恼。

在商务活动中，可以通过与会者不同的坐姿判断出他们的身份地位。一般来说，领导和地位较高的人常常靠坐在椅子上，将手臂搭在椅子或者沙发的扶手上，显示出自信和权威。而一些职位较低的工作人员则规规矩矩地坐在椅子上，双手拘谨地放在腿上，显得很顺从。

如果将手臂伸展到他人的椅子上，则是一种侵犯他人领地的行为。一般较为自信或者强势的人会做出这样的动作，男士更常做出这样的动作。

在交往中，很多男士会将手臂伸展到旁边人的椅子上，这是由于他们有着较强的侵略性，会给旁边的人造成压力。如果旁边坐的是陌生人，那么这样伸展手臂的动作就会使对方感到受到侵犯。这种情况下要尽量管好自己的手臂，不要给别人一种威胁的感觉，不然很容易引起对方的反感，甚至导致不必要的冲突。

除了威胁的意味，将手伸到他人的椅子上有时也可能是一种示好的表现。例如在社交场合，如果一个男士不自觉地将手臂放到旁边的女士的椅子上，说明这个男士可能对这位女士有好感，想要拉近两人之间的距离，进行进一步的交往。这个动作好像将这位女士拥入怀中一样，表现出内心想要占有她的欲望。

手撑桌面获得主导权

当人们站在一张桌子或柜台后面讲话时，他们很习惯于将手臂张开一定的角度，用手指撑在桌面上，这种动作是一种表达自信和权威的方式，双臂张开有捍卫领地的意味，是在对旁边的人宣称自己位于主导地位。而且在做这个姿势时，身体会向前倾，尤其是演讲或者讲课时本来站的位置就比其他人高，从而给他人造成一种压迫感，更加凸显自己的主导地位。例如比较严厉的教师在上课时就习惯于将双手撑在讲桌上，身体前倾，显现出不可侵犯的威严感，再用严厉的目光仔细观察学生有没有在做小动作。通常在这样的课堂上，学生们都比较安静，因为利用这样的肢体动作获得了对班级的主导权，使学生感到了压力，他们知道只要自己在老师的地盘上犯错，肯定会受到严厉的惩罚。在商务会议中，一些地位较高的领导在演讲和发言中也会将双手撑在桌面上，展示自己的主导地位，撑起的双臂是一种对领地的标示，仿佛在说这里的一切都由他说了算。

日常交往中，这种撑在桌面的动作还是愤怒和冲突的表现。在交谈中，如果对方将双臂张开，用手指撑在桌子上，你就要小心了，这说明他就要发作了。这种动作体现了做出动作的人掌控话语权的需求，他有可能对当前的情况感到很不满意，甚至想要获得局势的掌控权。人们在与别人争执的时候经常摆出这样的姿势，例如在宾馆大厅中，有一位顾客到前台来求助，这时他的手臂并没有什么明显的动作，但是当他的请求遭到拒绝后，他的手臂张开了，并走上前去将双手撑到了桌子上，随后便跟服务员理论起来，随着双方谈话越来越激烈，他双手也越来越向外扩张。在机场也经常遇到这样的情况，例如一位旅客在购票时由于行李超重被要求支付额外的费用，这位旅客很不满意，伸开手臂并将双手撑在柜台上，与工作人员理论起来。这些例子都说明这种动作是为了体现威严和掌控感，能够使对方感到有压力。

叉开双腿的强势站姿

很多哺乳动物在感到压力、烦躁或者威胁时都会做出捍卫领地的动作，而当需要威胁他人时也会做出同样的动作。人类也是如此，在感到受到威胁时人们就会做出一些动作来表示他们正在努力控制属于他们的领地，并试图掌控局面。在人类捍卫领地的行为中，叉开双腿站立是最常用的，同时也是最容易被认出的动作。警察和军人最习惯于双脚叉开站立，因为他们在执法过程中通常总是处于统治地位。而当他们想要威胁他人或者战胜对方时，就会将两脚叉开得更宽，获得更多的领地以体现自己的权威。

人们在对峙状态中，便会叉开自己的双腿，这种站姿不仅会让自己站得更稳，同时也可以占据更多的领地。例如摔跤选手或者拳击选手在双方对峙时，都会将双腿叉开，稳稳地站在地面上，同时准备发动攻击。如果在交谈中发生了争执，而且双方都渐渐将自己的双腿叉得更开，就说明麻烦来了，这两个人就要开始行动了。如果一个人的腿先是并起的，之后在谈到某个话题时他的双腿渐渐叉开，就说明这个话题使他感到不高兴，他并不想继续谈这件事，这时最好改变话题，因为这种站姿说明对方做好了对抗的准备，继续谈下去可能会引起冲突。

双腿叉开的幅度也能说明争执程度的大小，如果两个人的双腿叉得越来越宽，则说明他们之间的冲突升级了。因此在与他人发生争执时，可以利用收回腿部的动作缓和两人之间的矛盾，如果想避免进一步冲突的话千万不要继续叉开双腿，而是要收拢双腿，这样可以减弱身体语言的攻击性，从而降低对抗的等级，进而化解这场一触即发的冲突。叉开的双腿有着控制、威胁和恐吓的意味，例如在家庭暴力中，男性在对待妻子时会叉开双腿站在门口，挡住她的去路。因此在想要控制住对方时，可以利用这样的站姿体现自己的气势，例如囚犯在监狱中面临着其他囚犯的威胁和欺辱，那么他在站立时就必须叉开双腿，体现出自己的强势与力量，不能露出任何软弱的表情。

叉开双腿的站姿还有利于树立自己的权威，尤其是对一些需要体现自己权威的职业女性。例如公司中的女主管、女警或者女法官等等，由于社会性别的限制不像男性那样容易获得主导地位，而在工作时使用叉腿的姿势站立可以帮助她们强化自己的权威，从而使她们更容易获得主导地位和控制权。

竖起拇指表示自信

竖起拇指的动作通常表现出一个人有着高度的自信，并且与人的身份地位相关。一些地位较高的人往往喜欢露出拇指以显示自己的自信和权威。例如美国前总统肯尼迪，在出席很多场合时都喜欢将手插在衣服口袋里，而将拇指露在外面。在一些社会地位较高的人群中也经常能看到这样的姿势，如律师、医生和大学教授也习惯在抓住衣领的时候把拇指露在外面。很多广告画中的模特们在拍照时也喜欢使用手抓衣领的动作，通过竖起的拇指表达出高度的自信。

将拇指竖起是一种背离重力的动作，人们在感到高度舒适和自信时才会做出这样的动作。因此当一个人将拇指向上竖起时，说明他对自己有着较高的评价，对自己的观点或思想非常自信，并且对现状感到满意。通常情况下，十指交叉、双手紧握是一种自信度低的表现，这种手势看上去像是在祈祷，说明这个人心中在担心或惧怕什么事。但是如果双手紧握时拇指是向上伸直的，所表达的含义就完全不同了，这个动作体现出的是积极的思想。但是这种姿势中的拇指可能随时消失，当拇指又落下时说明此时没有需要强调的重点，或者出现了一些消极的情绪。

竖起拇指表示自信

观察发现，喜欢使用拇指动作的人一般对周围的环境比较敏感，警惕心强，思维敏捷，观察力也较为敏锐。因此通过观察拇指的动作，就可以准确地判断出实施者情感的变化。例如一名演讲者在开始时表现得胸有成竹，陈述自己的观点时自信满满，不时做出尖塔式手势进行强调。但是当一位听众指出他演讲中的一个错误之后，这位演讲者便立刻将拇指伸进上衣口袋。这种隐藏起拇指的行为说明他的心态从高度自信迅速转变为低度自信。

人们一般很少做出竖起拇指的动作，一旦这种动作出现，就可以断定是一种积极情感的表达。而将拇指隐藏起来的动作则是低度自信的表现。男性经常做出将拇指放进口袋而其他四指露在外面的动作，尤其是在面试中，来应聘的人由于紧张就会做出这种动作。这样的姿势就好像在说：我对自己不太有信心。这种动作基本上专属于不自信的人和地位较低的人，地位较高的领导或者管理人员通常不会做出这个姿势。拇指放在口袋里会给人一种唯唯诺诺的感觉，在国家领导人身上永远不可能看到这样的姿势。

显示权威的座位安排

在商务活动中，不同的座位安排可以营造出不同的沟通氛围。例如，两个人对坐在桌角比较适合进行轻松而友好的谈话；两个人之间呈九十度夹角的位置则最能体现出双方的合作关系；而两个人面对面坐在一张长方形桌子的两边则是一种对抗性的位置，在职场中这样坐的两个人不是上下级关系就是竞争对手，要么两人内心就都互相排斥。而且这样的位置还能提升身份地位和权威感，体现出强势的意味。

这种位置很容易导致双方发生争执，并容易令人感到紧张。有专家在医生的办公室里做过一项调查，目的是查明医生办公室里办公桌的有无与病人的紧张感之间的关系。结果表明，医生的办公室里摆有办公桌时，只有10％的病人感到放松，而撤去办公桌后，感到放松的病人的比例提高到了35％。可见这种位置对人心理造成的影响。

除此之外，这种位置还与人的身份地位有关。身份地位较高或者职务较高的人比较青睐于选择这种交谈位置，他们喜欢在自己的办公室里面放一张办公桌，在与下属谈话时用桌子把下属和自己隔开。而职务较低的管理者选择这样位置的人较少，男性比女性要更喜欢这样的座位摆放方式。至于员工们则更希望上司把办公桌放到屋子的其他地方，而不是横在自己与上司之间，他们认为与上司坐在桌子的两边会更加紧张，而撤掉桌子之后气氛会变得更加轻松。而且没有桌子的办公室会使上下级的关系显得更加平等，使上级能够更加客观地听取下级工作人员的意见。

这种对抗性的位置容易导致双方的冲突，因为桌子两侧的人各自拥有一半的领域，给人一种势均力敌的感觉。双方都认为自己有权利充分表达自己的观点，而且这样面对面的角度也更便于双方进行直接的眼神交流。在这种情况下想要争取主导地位，显示自己的权威，或者想要营造出一种上下级的从属关系，就要争取坐得离桌子更近或者占据更大的空间。例如可以用双手手肘撑在桌面上，表现出一种不容侵犯的权威感，这样就可以强化自己的身份和地位，使对方感觉到压力，更好地控制对方。

值得指出的是，在餐厅等公共场合，这种座位并没有对抗的性质。很多人在就餐时认为这样的角度更适合聊天，尤其是关系亲密的人，例如夫妻或者情侣，面对面坐着更利于两人进行眼神的交流。

第八章 克制不住的烦躁：成功与失败

胜败的重力原理

生物之所以可以生存在这个世界上，是依赖着重力这个最基本的条件，与此同时，重力也是各种生物想尽各种办法对抗的第一阻力。这种对抗是多方面的，可以体现在比如站立、投掷、跳跃等反应明显的动作上，也会体现在一些细微的肌肉运动中，比如惊慌错愕、微微一笑、怒发冲冠等等。简单地说，生物要对抗重力就必须是神经意识（不仅仅是思维性意识）和能量这两个必要条件同时存在，缺一不可。

我们对微反应研究也是将这两者合二为一来研究的，这是因为主要研究对象都是不用依赖思维性意识（也就是“想的过程”）就可以做出的一系列相对应的习惯性反应或本能反应。在研究中得出这样一个规律：神经的状态越兴奋，调配需要的能量就越多，相应地就会对重力呈现越明显的反抗；相反，当神经的状态越不兴奋，需要调配的能量也就越少，对重力呈现的反抗能力也就越不明显；一旦神经系统处于抑制的状态，体内的能量也会随之停止补充和迅速地流失，这种情况下身体也无法如神经状态兴奋时那样地反抗重力对身体的吸引，身体的相关部位会出现无力下坠的情况，我们把这个规律称为“重力原理”。

重力原理可以分为两个主要内容，第一个是“想要抵抗重力”，这种抵抗是来源于神经系统有意识的控制。举个例子，为什么一个人昏迷了，就会倒地不起呢？原因就是控制身体平衡和骨骼肌的神经系统没有了意识，处于无意识状态，控制人体站立、平衡状态的骨骼肌失去大脑提供的指令，所以没有办法继续抵抗重力。

重力原理的第二个内容是“对抗重力”，要发生这种对抗就需要能量，这能量还要大于等于身体所可以承受的重力。当身体的能量充足，并且还多于身体目前所承受的重量时，就可以做出一些反重力的运动，大的运动就好比高举双手、跳跃等大肢体的运动，小的运动可以是微微一笑，或者向上望等小肌肉运动。然而，当身体的能量出现不足时，也会出现一些动作，比如身体向下“垮”掉，做出一些想休息一下的表现，比如蹲、坐、摔倒、趴下或者躺下等大肢体运动，小肌肉运动则体现在躯干呈现弯曲、把头低下、眉毛和脸上的肌肉开始下垂等，这种情况在某种程度上讲还不是运动，而是能量不足被重力吸下去了。在生活中我们也可以随处见到这样的情况，比如一个人在追赶公车，然后赶不上，通常都会停下来，做一个弯腰的动作，再眼睁睁地看着公车离开。

胜利者的姿态

有些场面我们经常看见，比如一次体育比赛，在运动员得知自己获得胜利的时候，会表现出一些动作，如高举双手向观众致意，或者是仰天长啸，或者是绕着运动场飞快地奔跑，以表达自己对于胜利的喜悦，这种情况下我们都会觉得这是胜利者习惯性做出的动作。但是，有没有谁去思考一下为什么会有这样的表现呢？其实这种需要消耗很多能量去完成的动作，最原始的动力就是为了获得他人更多的关注。

获得胜利肯定是一件值得高兴的事情，从某种意义上来说，胜利是源于积极对待的结果，尽管不一定会引起喜悦的情绪，而胜利者是在因为“胜利”这一件事受到了正面的、积极的刺激之后，才相应地产生了积极的情绪，正是这种积极的情绪把身体内的能量储备大大地调动起来，才会有我们平时经常看到的胜利者的表现。

当一个人在“战斗”中获得胜利，就意味着之后还有更多的收益，这种收益也在很大程度上让胜利者的神经不断受到积极的刺激，尽管在“战斗”的时候会消耗掉身体储备的能力，包括脑力和体力，但是在“战斗”结束后胜利者仍需要将剩余的能量也释放掉，缓一缓自己在“战斗”状态中那紧张的精神状态，也可以让长期处于兴奋状态的身体平复到正常状态，因为长期的兴奋会让神经系统和循环系统负担过大。

当然，不是所有的“战斗”胜利者都可以表现出如此激昂的状态，因为可能这个“战斗”的过程很艰难，已经耗费了全部的能量，当然也不可能要求他的庆祝动作是激昂奔放了，但胜利的笑容还是必不可少的。

反重力动作

当大脑神经处于兴奋状态以及有充足能量时，会做出一些大幅度反重力的行为。我们常见的庆祝动作大多就是反重力行为的一种。我们可以用几个例子来证明：

当观众看到运动员打进关键一球时，常常会高举双手，跃起撞胸来庆祝。

生活中人们会相互地高高举起一只手，击掌来庆祝胜利。

运动员获得胜利的时候，会来一个经典的复杂的后空翻跳跃，将内心的无比激动、喜悦和幸福感传达出来。

比赛冠军或者获胜运动员会激动地高喊，尽可能爬到最高处，或者在比赛场内高举双臂挥动绕圈奔跑呐喊，以胜利的姿态向观众致意。站得越高看到的人越多，绕场奔跑带动的观众也会更多，从而引起更多更广的关注，引来全场的目光、赞美与祝贺。

身体上的舒展也可定义为某种程度上比较隐性的“登高”反应。我们在完成某个给我们带来成就感和满足感的工作之后（感觉到一种胜利），就会习惯性地对着窗外那些美好的景色（可以是朝阳、夕阳，也可以是星光、街灯）高举双手，把自己的身体做一个舒展，伸伸懒腰，活动一下疲倦的颈椎和腰椎，放松紧绷的神经，并通过这些动作让自己感受到自豪感和价值感，更会对未来、对明天充满美好的期望和憧憬。

实际上，当我们高举双手来表达胜利的愉悦时，整个人的身躯和腿会不自觉地伸直以达到自然身高的极致。除去先天残疾的特殊情况，无法想象当我们驼背腿弯时，如何会高举双手来展示自己。

高声欢呼代表胜利

在得知自己获得胜利的时候，很多人的第一反应肯定是跳起来，高声欢呼，给自己庆祝，和别人分享自己胜利的喜悦，其实这一连串动作是当一个人获得胜利后会直接做出来的一套固定的组合动作。在博大精深的中文里面，我们将这一连串的行为用一个四字成语表示，那就是“欢呼雀跃”。从行为学上也可以很好地解释为什么获得胜利就会有“欢呼雀跃”这一行为，跳起来我们在前面已经提过的，是一个经典的反重力行为，而欢呼则是体现出一个胜利者想要获得他人更多的关注和赞美的一种炫耀方式，而且当他人能够向获胜的人表示出关注和赞赏的时候，这个胜利者往往会更加激动，他的满足感也会更加强烈。

这种情况在体育竞赛的时候是经常出现的，特别是奥运会的赛场上，我们都记得2004年刘翔获得雅典奥运会110米栏的冠军后的表现，身披国旗，绕场跑了一周，一边跑一边高声欢呼，而台上的观众也跟着他的步伐，给予了最热烈的掌声和欢呼声，这个场景就可以最好地解释我们以上的说法。

其实胜利者做出这样的行为除了可以得到别人的关注和赞美外，还有另一个好处，那就是可以调整大量的能量消耗后的呼吸状态，让自己可以从高度的激动中渐渐恢复到正常的状态，将多余的能量用有效的方法释放，平衡生理和心理状态。

胜利者的摇头晃脑

当然，不是每个获得胜利的人都会表现出高声呐喊这么大幅度的行为状态，在一些特定的情景中，很多人反而会用一些精致的、细微的复杂动作来表达自己当下的喜悦和兴奋感，尽管胜利者有时候会刻意将自己的情绪隐瞒，只用细微的动作代替，但从行为学上看这些往往带有更多的表演特征。

这种用细微动作代替高声欢呼的喜悦感通常表现在女孩子身上更多，当一个女孩子很得意的时候，她不会大声欢呼出来，反而只是面带笑容地将头轻轻晃动几下（这种晃动不是摇头的，是左右倾斜的），幅度虽然很小，但频率会很高，做出这个动作的时间也很短，往往一秒钟就完成全部。

看起来这个动作细微而且快速，但是要表演好这个动作耗费的能量可不少，往往只有在特定情绪的驱使下，才可以自然而然地表现出这样的动作，很多时候连当事人自己都没有察觉自己的行为动作。

我们用了几个小节来阐述获得胜利之后会做出的行为，可以总结出以下规律：当要做出的动作越大或者行为状态越复杂时，就会消耗越多的能量，这种行为也会要求有更高的神经系统的兴奋程度。所以，那些测谎机器也正是利用这样的心理反应来做出判断，当被测试人在测谎的过程中表现出这样的反应，就可以看出这个人内心的积极情绪是否是真实的，因为单纯利用表演或者伪装的积极情绪，是无法在一瞬间就有这样大的情绪波动的。

失败者的表现

当失败的时候，失去的肯定不只是自己的利益，还有耗费在“战斗”上的能量。

行为学上是这么解释这样的情况的，“战斗”的失败会让人的情绪很失落，神经系统的兴奋程度大大降低，因为担心失败会带来一系列的负面刺激，所以这个时候的神经系统就进入一个压抑状态，循环系统也会做出相应的反应，就是停止提供能量到原来处于战斗的各个器官，此时整个人也会呈现出一种很失落低潮的状态，就是俗称的“蔫了”。

人一旦失去能量就会在几个地方有着明显的变化：比如原本炯炯有神的眼睛，变得暗淡无神；因为缺少能量，身体就不自觉地受到重力作用的影响，会出现明显地下坠趋势，也不能再出现那些对抗重力作用的动作和反应，就连面部的肌肉也会出现松弛、下垂；四肢和头部也开始无法如正常情况下那样昂首向前了，开始向下低头；如果是站着的话，身体会有一个重心降低的趋势，腿部的力量也开始不足，呈现出自然弯曲的状态，甚至会选择坐下来或者蹲下，整个身体开始无法自如地伸展开来，会出现收缩的状态；呼吸方面也变得困难和虚弱，整个人的反应会感觉“慢半拍”。

简而言之，当一个人感觉到失败时，身体的反应会无力去抵抗重力，这也是符合重力原理的。这也可以帮助你来判断一个人的状态，如果他出现以上讲的这些反应或者行为变化，就可以表明这是一个失败者的状态——放弃。

这种失败反应常常会被运用在犯人审讯过程中，连续刺激一个人，使他的精神和能量流失，当他出现上述的反应时，就代表他的心理防线已经崩溃，这个时候让他说出实情就不是难事了。

失败者会长期压抑

一个人在知道自己失败了，并做出放弃的行为，实际上是一种心理的崩溃，呈现出对这件事已经没有任何的期望的心理状态，这种遭受失败的精神状态表现出来的特点和一个人处于悲伤状态下表现出来的反应是类似的。

所以在判断是失败的状态还是悲伤的状态时，还需要针对具体的情况进行分析，从而推导出当事者的情况。

失败不可怕，最可怕的是那些一直在失败中走不出来的人，那些把自己长期当作失败者的人，这种人是长期处于压抑的状态，而且在自己那个黑暗的圈子里一直走不出来，看待很多事情都是消极的。我们可以以一个例子来分析这个问题。

据报道，有一优等生毕业后找工作时多次在面试关遭拒，他就开始觉得自己很失败，学习的东西都没有用，但又不敢把自己找不到工作的事告诉别人，更加不愿意去接触任何人，然后就开始尝试用各种各样的方式来压抑自己的苦恼和不安，他自己也知道陷入无限的苦恼，这样会让自己愈加感到挫败，而这些情绪是挥之不去的，压抑的情绪就像是在自己的周围铺满了地雷，尽管小心翼翼，但还是很害怕和恐惧，最后他走上了楼顶，结束了自己年轻的生命。

这个新闻的内容其实就最好地解释了失败者如果长期压抑自己会有什么不良的后果，有时候失败的人也是控制不了自己的负面情绪的，想积极的时候总会有消极的能量影响着自己，而且愈演愈烈。因此，用一颗平常心来对待失败就显得尤为重要。

一瞬而逝的表情

微表情是骗不了人的，而警方也常常利用微表情破案，很多设计周密的案件的突破口就是一个微小的表情。有这么一个发生在 2005 年的故事，一个名叫迈克尔·怀特的人在电视上呼吁社会帮他找回怀孕的妻子利安娜，他一边哭着，一边对着大家说一定要找到妻子。3 天后怀特再一次出现在电视上，但这次他没有哭，他说警方的不作为让他很失望，决定自己去找失踪的妻子。几天过后，怀特真的找到了自己的妻子，是在郊区的一处沟渠，但此时的妻子已经是一具冰冷的尸体。事情并没有就此结束，让人不解的是杀人凶手居然是怀特，他被警方指控谋杀妻子并且被判谋杀罪名成立。

这是为什么呢？这要源于当初怀特在电视上呼吁大家帮他找妻子的录像，警方从那段录像中发现，怀特悲伤的表情在某个瞬间居然是愤怒和厌恶。警方通过大量的研究发现，人要维持一个正常的表情，是可以持续几秒钟的，但“伪装的脸”在某个时刻还是会出现真实的情感，因为大脑的指令发出是有时间差的，在这个时间差中，真实的表情就会不自觉地浮现出来。

所以微表情也是用来判断他人情绪的好方法之一，再怎么伪装，都有松懈的一刻，只要抓住了这一瞬间，真实的“他”就会出现，演技再好的演员，也始终是要做自己的。

成功者的手舞足蹈

我们在与人交流沟通时，即使不说话，也可以凭借对方的身体语言来探索他内心的秘密，对方也同样可以通过身体语言了解到我们的真实想法。人们可以在语言上伪装自己，但身体语言却经常会“出卖”他们，因此，解译人们的体语密码，可以更准确地认识自己和了解他人。

一个人获得成功的时候，多多少少会释放自己的情感，最常见的表现就是会手舞足蹈，因为四肢的反应最明显。我们要看到一个人的心理活动是否是高兴的，很多时候都不需要去问或者看到他的表情，他的四肢就会不自觉地告诉我们了。这是为什么呢？因为当一个人获得成功的时候，脑部就会发出信号给各个器官，告知成功的信号，随着信号的发出，脑部也会释放一些激素，这些是正能量的激素，当身体内充满正能量的因素时，就必须释放出来，如果单纯靠表情、眼神的释放会太慢，所以四肢的活动就会抢在其他器官前面，释放出那些喜悦的能量。

成功者具备的心态

要想获得成功，肯定不是靠着喊口号，说我要努力、我要成功就可以了，也不是一味靠着埋头苦干，往往有一个良好的心态，这就是获得成功的第一步。我们总结了一些成功者所应具备的心态。

一、成功心态

获得成功的人，往往都有一个强烈的成功欲望，也正是这个欲望才会驱使他去不断努力，采取有效的行动来达成自己的目标。

二、积极心态

要想获得成功，必须具备一个积极的心态，只有这样的心态才不会被失败打败，遇到失败的时候也可以很快地振作起来。这种积极的心态往往会促使一个人从问题中找到机会，找到方案。

三、学习心态

成功的人懂得时刻都要学习，他知道如今的世界是一个飞速发展的社会，如果不时刻充实自己，就会被人超越。可以这么说，要想成功，想超过千万个甘于平庸的人，就必须不断学习，充实自己。古话说“逆水行舟，不进则退”，人生也是这样的。

四、付出心态

一分耕耘一分收获，付出多少就会得到多少。尽管我们从小就听这种话长大，但要落实到实处的确有难度。但成功的人往往都懂得坚持，无论在什么处境下，都要坚信付出的越多，得到的就越多，因为这个世界是公平的。

五、自律心态

你可以在所有的时候欺骗某些人，你也可以在某些时候欺骗所有的人，但你无法在所有的时候欺骗所有的人，成功的人必定是高度严谨自律的人，必定是以高标准要求自己的人。

六、宽容心态

成功的路上都不平坦，你可能遇到各式各样的人，但不一定每个人都是好人。不过成功的人必定是一个大度的人，正所谓“大肚能容，容天下难容之事；开口常笑，笑天下可笑之人”，因为可以做到对他人的宽容就是对自己忍耐力的提升，而且也可以让你拥有越来越多的朋友，越来越少的敌人。林肯总统当年就是运用宽容的力量让自己当选美国第16任总统的，他的事例也是值得我们学习的。

七、平常心态

“成功”这件事是很多人一生的追求，但也不是有追求就一定可以达到。往往那些获得成功的人比普通人更拥有一颗平常心，他们不以物喜，不以己悲，成功的时候不沾沾自喜，失败的时候也不自怨自艾。这种精神是值得我们所有人学习的，也只有这样我们对于成功的追求才不会偏激。

八、感恩心态

我们身边任何一个人都没有义务帮助我们，而我们每一个人都没有权利要求别人帮助自己。成功除了自己的努力，有时候他人的帮助也可以助我们一臂之力。这个时候我们要对他人的帮助常怀一颗感恩的心，感恩的心也将使我们的成功之路越来越宽，越来越好走。有一句话是大家要共勉的：助人者助己，成功是团队的共赢。

失败者喜欢否认

在我们的精神生活中，往往存在着这样一种倾向，就是会自觉地和不自觉地把主体与客观现实之间所发生的种种问题，尤其是那些对自己不利的、麻烦的问题，用自己能接受的方式加以解释和处理，而这么做的目的就是为了不引起自己更大的痛苦和不安，这在心理学上称为心理防卫机制。简单地来讲，就是当人们遇到不顺利，或者经历失败时，都喜欢否认或者推卸责任。这是因为每个人在处理挫折和紧张情绪时，都在自觉不自觉地运用自我防卫机制，这个防卫机制也会因为每个人不同的生活态度及个性特征而有着很大的不同，往往是大相径庭的。

总的来说，无论怎么做都是以否认为最终“表现形式”。会做出这样的行径的原因很简单，因为一旦对这件不顺心的、失败的事情进行否认，最大的作用就是把已发生的痛苦的事加以“否定”，潜意识里认为这件事情根本没发生过，以躲避心理上的痛苦与挫折感。可以表现这种“否定”的成语也有很多，人们常说“眼不见为净”“掩耳盗铃”等就是否认作用的例子，所以这种情况在我们的现实生活中也是经常见到的。

失败者的投影作用

什么是失败者的投影作用？这指的是一个人将自己所不喜欢或不能接受的，而自己身上却具有的性格特点、观点、欲望或态度转移到别人身上，然后说是别人具有这种性格恶习或恶念。这么做的目的就是可以在无意识中最大程度地减轻自己的内疚感，而且还可以维护自己的尊严和安全感。所谓“以小人之心，度君子之腹”就是这一投影机制的表现。换个角度想想，中国古代的劳动人民真是充满智慧，用短语就可以将这种行为最完整地表达出来。投影作用的事例我们平时也很多见，比如，我们在学校里，特别不喜欢某一老师，觉得那个老师学识一般，又太蛮横无理，凡是遇到人就告诉他们这个老师如何如何不好，也默认了他人同样不喜欢这个老师，而往往忽略了自己这么说其实也告诉了别人自己的心不够大度，表现得分寸不够。

隔离信息

隔离作用在心理学上指的是失败的个体总是有意无意地想把某些事实从意识境界中隔离出去，不让自己意识到，以免引起精神上的不愉快。

有相关的研究表明，当一个人失败的时候，他会对某些消极的词语特别抗拒，比如“名落孙山”“败北”这样的词，当他们听到这些词的时候心情就会莫名地沉重和痛苦，所以在失败的时候总有意识回避这些词语，或者回避那些会讨论成败的场合，甚至回避那些获得成功的人。他们会选择尽可能隔离掉这些会干扰到自己心情的信息，以免引起内心的痛苦。这种事情我们在生活中也常见到，比如在一场考试里面，有人的成绩不如意，那段时间他可能会消失在大家的视线里，更不会与大家讨论关于这次考试的任何信息，他这么做就是要隔离掉这些不利于自己心情的信息，这也算是一种逃避的行为吧。

第九章 到底是谁激怒了谁：愤怒与好斗

愤怒的表情

在人类所有的感官情绪中，愤怒比起别的所有情绪，甚至相比我们认为较为消耗能量的大哭大笑，是对能量需求最大的一种情绪。

人一旦被激怒，全身上下就会明显地协调统一起来，进入备战状态。这时候，身体中储备的能量将伴随着呼吸与血液循环的配合，开始快速地聚集与运输，让身上的每一个细胞都进入激活状态。由于所有的细胞都要激活，所以愤怒的情绪势必需要通过加深呼吸来吸入充分的氧气，用于战斗。愤怒的情绪也会同时引导带动血液循环系统，加速心脏大力收缩，进而提高血液流通的量与速度。伴随着血压的不断升高，作为当事人，会感觉到自己脉搏在强而有力地跳动。

这样的身体反应可以得出两个方面的结论。一方面，由于全身的各种协调都需要消耗大量的能量才能进入战斗状态，所以战斗反应是很难作假的。有些伪装很容易，比如哭，但是愤怒情绪的伪装在几乎所有伪装中是最难的。另一方面，愤怒的情绪一出现就会相当明显，就算尽力去掩饰，别人还是能够看出来。因而当真正愤怒的时候，别人会很容易察觉捕捉到。

愤怒情绪点燃战斗欲望之后，会有非常明显的表现：身体向前倾，头往前伸，压低下巴，两眼发光，向上翻，直瞪对手，外加愤怒表情，表现为眉头紧皱，眉梢上扬，眼睑紧绷，鼻孔张合，咀嚼肌紧绷，嘴唇向下并露齿等。这些都表明，自己已经愤怒，而且是在向对手散发出战斗的气息。

充沛的能量使全身的肌肉在神经系统的指引下，快速从放松变为紧张备战状态，这些变化在脖子、手等部位都可以比较容易地观察到。

愤怒者的脖子会变粗

脖子在一定程度上可以反映出一个人的愤怒程度，当你发现一个人的颈部出现肌肉绷得紧紧的、呼吸的力度明显加大的现象，基本上就可以断定，这个人已经很愤怒了。当然，除了这些反应，还有别的一些比较明显的标志。比如，颈部两侧的血管会比平时粗大很多，从表面上看就可以看得出，此时血管里流动的血液要比平常多出很多。这种表现，用我们平时的话说，就是“脸红脖子粗”。

虽然人类在自然界中是最高级的，但是这种愤怒会使脖子变粗的行为并不是人类特有的，在很多生物身上也会出现这种现象。比如眼镜蛇，在它愤怒的时候，也会有和人类类似的反应。眼镜蛇的肋骨有一端是可以活动的，而且蛇的颈部肋骨比其他部分要长出很多。当它意识到有其他生物来侵扰自己时，会马上做出反应，将自己身体的前半部分竖起来。这时候，它颈部的肋骨就会迅速扩张，将蛇皮撑开，使得脖子瞬间变得很粗大，这一点就和人类的反应差不多。眼镜蛇的这种反应，其实就是要表示自己十分愤怒，向敌方发出严重的警告。

综上所述，这种反应其实是自然的身体反应，当身体接收到了脑部发出的信号，就会马上调节自己的身体，加速血液流动或者是改变自己的情绪等。说到这里，还是给大家一个劝告，当看见一个人“脸红脖子粗”的时候，还是尽量远离他，千万不要和他硬碰硬，因为这个时候的他往往不受理智所控制，如果只是单纯地斗斗嘴皮子，还可以收拾场面，因为吵架是脑力活动。一旦将吵架演变成肢体上的冲突，那就不是单纯的变脸色了，可能还会失去血色。

双拳握紧代表愤怒

在风靡一时的电影《古惑仔》里面，我们经常会看到这样的镜头：当双方的对话谈不拢，或者一方挑衅另一方时，对方就会勃然大怒，然后就会握紧拳头冲上去，给那人重重的一拳。这种情节其实并没有太过夸张，而是人最自然的反应。

当一个人处于愤怒、紧张、恐惧等情绪控制下的时候，都会情不自禁地把自己的拳头握紧，这是因为当大脑意识到自己正处于危险的状况时，给身体发送指令，使得我们的身体迅速分泌出“肾上腺素”（“肾上腺素”从医学的角度讲是急救强心的药），“肾上腺素”一旦分泌，就会在体内引起变化，人的运动神经马上就会紧张起来，处于高度警备的状态，而身体里的血液就会向四肢的肌肉流去。这个时候，人就会双拳紧握，甚至会不自觉地寻找手边的武器，如棍棒、石头等，好找到合适的时机去攻击其他人，这种行为的体现其实就是人类最基本的本能反应，它是人类进化过程中产生的自我保护功能。

人一旦处于愤怒状态的时候，除了把拳头握紧外，双腿的肌肉也会处于紧绷的状态，不管这时候的你是站着还是坐着，这也是人的本能反

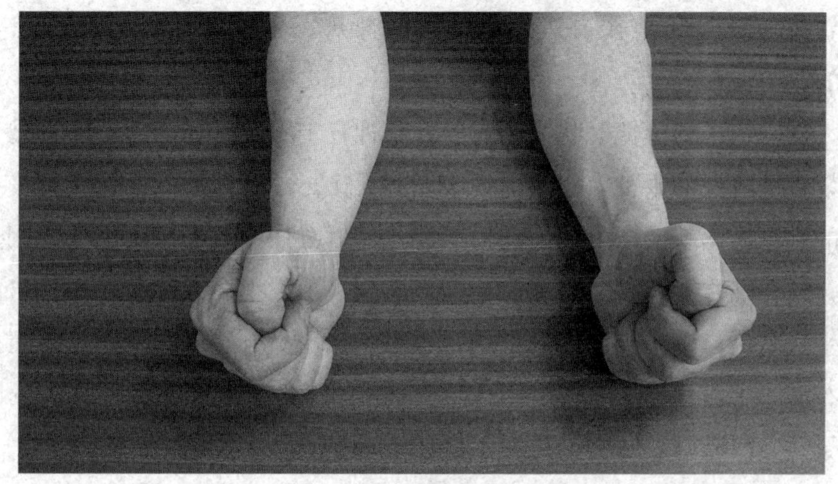

握紧拳头

应。但是当我们做出这个本能反应时，也会有一些小小的缺点。因为人体内的血液量是有限的，如果血液迅速流向肌肉，就会引起大脑的供血不足，特别是那些胆小的人，这个时候会出现大脑一片空白，甚至失去理智的情况。

眼神犀利也是愤怒的体现

都说眼睛是心灵的窗户，可以表达出人们最真实的情感。说到底，虽然眼睛不能像我们的四肢那样随便摆动，但是眼神也属于肢体语言的一部分。虽然眼睛不能乱动，但是它可以通过眼神的变化，向外界传达信息。除此之外，眼睛还可以跟外界交流信息，也可以通过眼神来传达内心的各种情绪变化。人的眼睛是由几个部分组成的，不仅仅包括我们比较熟悉的眼球，还应该把眉毛、上眼睑和下眼睑都计算在内。别看眼睛不大，但是人类神态最直观的表现就在眼睛这一不大的区域内。当你盯着某一物体和坐在窗边发呆，这两种状态下眼睛的神态是截然不同的。

当一个人处于愤怒状态的时候，眼神肯定不会是和蔼的。那会是一种带着进攻性的眼神，怒目而视，犀利无比。这是因为人一旦受到了负面的刺激后，就会产生强烈的愤怒感，然后身体内部的血压也会急剧上升，瞳孔随之变化，非常犀利，让人感到害怕。很多人都会发现，自己在生气之后，眼睛会变得红红的，这也是血压上升造成的。因为眼睛里面布满了毛细血管，当毛细血管充血时，眼睛自然就会出现红肿的现象了。

愤怒的时候，人身体的能量会突然到达一个高峰值，这种也就是行为学说的较力反应，通常这种反应出现后都希望可以与他人较力，这种较力可以是任意一种来自身体的接触，通俗一点讲就是想开始战斗，可以理解为要打架了；此外还可以是非身体接触式的，这种最简单的反应就是怒视对方，也就是我们说的，带有攻击性的、怒视的眼神。

变得愤怒，呼吸也会剧烈

当我们被别人激怒的时候，总会说自己“被气得七窍生烟”，这七窍指的是口、两眼、两耳、两鼻孔。这句话就是形容生气到极点了，耳目口鼻好像都要被气得冒烟了。其实这句话只是夸张的说法，人的器官是不会真的“冒烟”的，当人处于生气愤怒的状态的时候，全身的细胞也会随之变得紧张起来，这种紧张的直接后果就是缺氧。如果通过正常的呼吸无法供给足够的氧气，就要靠肺部加快呼吸来补充氧气，这个时候，就会感觉呼吸明显加重了。

人在愤怒的时候，往往会先采取一定的措施来克制自己，等到实在不能克制的时候才会爆发出来，就是所谓的“忍无可忍无需再忍”。当人在努力克制的时候，就会通过调整呼吸的频率来缓和一下自己由于愤怒造成的体压上升，最明显的就是呼吸变得急促和剧烈，而且鼻子两翼有扩张，通俗一点来讲就是鼻孔“冒烟”了，甚至会发出“哼”的声音。尽管这声音很短暂，但还是能够觉察到的。所以，呼吸的变化也可以帮助我们判断一个人是否处于愤怒状态，以及愤怒到了什么程度。如果这个人的鼻子的气息很重，那可以推测出他这时候的愤怒情绪很强烈，最好是对他绕道而行。还有一点，这种明显的变化不只是人类有，在其他动物身上也会出现，这是生物表达愤怒的共同特征了。有实验证明，当一个人处于愤怒状态的时候，也许可以在表情上进行掩饰，但他的呼吸变化是怎么都无法掩饰的。

话又说回来，长期处于愤怒状态，总是要靠加大呼吸来平衡自己的氧气供给，是一种得不偿失的行为。试想一下，长寿的人是怎么说的？保持心态平和最重要。所以在可以的范围内，尽量控制自己的情绪，也就是把自己的愤怒点提高，不要遇到点什么事就激动，这样对自己对他人都好。

愤怒者的语言短促有力

被激怒的人一旦进入战斗状态，就容易冲动，脑子好像已经短路了，缺乏理智，一门心思只关注着如何打败对手，忽略周围的环境以及瞬息变化的局势。这是因为，人在进入紧张状态准备战斗的时候，四肢需要大部分的血液，由于血液量是有限的，四肢占用得多了，负责高级功能的大脑自然就会缺少血液与能量，所以大脑就会反应迟钝，甚至无法思考，影响人的正常判断。同样，高级能力除了判断水准降低外，语言能力也会受到影响。

愤怒状态中的人通常都是很少说话或者干脆闭嘴不说话的。战斗一旦开始，话语多为无实际意义而且不需要通过大脑思考的表达的，比如单一的字，或者粗俗的语言（打架时大家常听到骂人的话语就是很好的例子）。因为这个时候，语言已经显得苍白无力，只有用动作才能发泄自己的怒火。

如果战斗的胜利需要借助甚至依赖于语言的情境，此时话语通常表现为非常快速且铿锵有力，比如辩论比赛。

愤怒后的挑衅姿态

德国著名诗人歌德有一次到公园散步，但是冤家路窄，他碰到了一位经常抨击自己的人。那人一看是自己的仇人歌德来了，分外眼红，马上抬起下巴，表现出一种十分傲慢的态度，站在歌德面前，一点都不打算让步："我是向来不会给蠢货让路的!"听到对方这蛮横无理、充满挑衅意味的话，歌德表现出了很好的涵养，他并没有生气，而是幽默地说："我倒是正好相反。"说完便让开了路，等那人走过后，自己才过去。

在这个例子里，与歌德狭路相逢的这个人就摆出了一种挑衅的姿态：抬起下巴。他之所以会做出这种动作，就是因为自己的愤怒。很多人在动手打架或者跟别人吵架的时候，都会暴跳如雷，把下巴轻微抬起。这就是一种典型的挑衅姿态，大有一种"我就这么着，你能怎么样"的意味。不过通常来说，这都是在有人拉架的时候，或者自己有着明显优势的时候做出的行为。如果处于劣势的人做出这个表情，肯定会引来一顿暴揍。除非是不怕挨打的人，否则一般人是不会在这样的情形下作出这种表情的。

除了抬下巴，还有一种比较典型的挑衅姿势，那就是将自己的双腿夸张地敞开。在这种时候，他想要表达的是一种心理安慰的意味，想通过这种肢体的舒张来强化自己的安全感和掌控感。

两条眉毛竖起来

自古就有很多关于情绪与表情之间关系的经典表达，脸部表情是情绪表达最重要、结合最紧密的一个部分。人们常常是通过脸部的表情来判断对方的情绪以及接收对方传递的信息，是友好的还是对立的，是认同的还是反对的，是正面的还是带着鄙视的。比如我们从小熟读的鲁迅先生的“横眉冷对千夫指”就是经典之一。横眉，是脸部表情，代表着对敌人的轻蔑和漠视，同时向敌人传递着一个信息：自己无所畏惧，坦荡荡赤裸裸地向敌人发出警告。由此可见，眉毛在情感传递方面是非常到位的。这里的“横”字也至关重要，横眉就是怒目而视，加重了语气，把不屈服的精神表露无遗。“横眉冷对”就是以愤恨和轻蔑的态度对待敌人的攻击。试想一下，这句话中的横眉如果换成“扬眉”“皱眉”“竖眉”，是不是很不恰当？是不是无法表现出这种坚毅的大无畏的战斗情感？答案是很明显。扬眉所传递出来的信息是和谐的，喜悦的，带着兴奋与期待的。皱眉代表的多是矛盾，思绪的纠结，觉得为难，或者是有讨厌、厌烦的情绪。竖眉则表示被激怒的状态，气得眉毛都竖起来了。

所以通过观察对方的眉毛，我们可以感觉到对方的情绪与态度。如果你想知道对方是不是正在生气，甚至处在异常的气恼中或者极端的愤怒中，就观察是否有眉毛倒竖，或者眉角下拉的情况出现吧。

嘴唇紧绷，表示愤怒

嘴唇的变化也和鼻子一样，没有眼神那么多，但嘴唇的变化表现出来的意思就比较明确，不是很欢乐就是很愤怒。张大嘴巴哈哈大笑，那证明这个人心情不错；当一个人紧绷着嘴唇，并且少话，那证明这个人很愤怒、下定决心要对抗到底了。从嘴唇的变化中，我们就可以判断一个人心里想传达的信号，比如当一个人嘴部周围肌肉紧紧地缩起来，那可以看出这个人是希望外界不要干涉自己，担心自己上当受骗的情绪。当你发现周围有人紧紧地把自己的上唇绷住，你就可以看出他不想受到他人感情影响或者控制住自己的情感。

愤怒的时候，唇形的变化有很多，在这里重点讲两种，一种是“憋气的嘴唇”，这个唇形并不单纯，因为它带有伪装的成分。这种唇形在各种愤怒的表情中是比较常见的，但是并不是愤怒专属的唇形。有时候，其他的情绪也会出现这种唇形，有时候愤怒的人因为种种外界原因，不能或者不愿表达自己的愤怒，也会用这个表情。

第二种是紧闭嘴唇。这个唇形比第一种要单纯很多，非常直白，就是要明白无误地告诉别人，我愤怒了。这个表情需要用到的肌肉有口轮匝肌、降口角肌和颏肌。

除了这两种表示愤怒的唇形，还有一种唇形也能起到这种效果，但是它与其说是愤怒，不如说是让人恐惧。绷紧卷曲的嘴唇，就是这种唇形。它总是让人感到盛气凌人，或者非常严厉。这种在动物身上出现得比较多，比如一个动物要向别的动物发起进攻的时候，总是先把牙齿露出来，好威慑对方，保护自己。

叉腰也表示愤怒

叉腰，顾名思义就是把双手叉在自己的腰间，在小说里经常用“就像两只要斗架的母鸡”来表达这个形象。而我们生活中与这个形象最接近的，就是圆规了。其实这种叉腰的动作在生活中是经常遇到的，好比两个吵得不可开交的冤家，即将上场比赛信心满满的运动员，在更衣室等待鸣锣开战的拳击手等，这些姿势直接传达给我们的是一种抗议、进攻的信息。

在文人笔下，经常用“叉腰的女人”来形容很厉害的女人，让人害怕得厉害，其实这也是女性表达内心愤怒和不满的一种姿势。这么做在表达自己的愤怒的同时，也在增加自己的信心，因为这个动作可以占据更多的空间，也可以让自己的身体看起来更加有气势，让对方觉得自己充满威慑力。这种改变身体的动作来提高气势的做法不仅人类会做，其他动物也会。鸟会通过抖动自己的羽毛使自己看起来更加强大，猫狗在搏斗时，会把自己的毛都竖起来彰显气势等。

但在生活中的我们，如果不是真正生气、愤怒的时候，还是少用这个动作为好，因为我们既不是伟人，也不是 T 台上的模特，这个姿势很容易让别人误会自己，以为你是火气大，不管怎么讲，这是一个让人感到不适的姿势。

越愤怒双臂抱得越紧

手部的动作也可以反映出一个人的情绪。通常一个人处于愤怒状态的时候，会将自己的双臂抱得紧紧的，这样做的目的有两个，第一个是尽量克制自己的情绪不要爆发出来，第二个是暗示他人“我很生气了”。

有这样一个故事情景可以很好地解释这个问题。一位正在超市结账的女士准备用信用卡结账，第一次收款员告诉她，输入的密码有误，请她重新输入；第二次输入，收款员还是告诉她密码有误；第三次仍是如此；她有一个这样的小动作，就是每次输完密码都会将双手交叉放在胸前，每次她被提示输入的密码错误之后，她会把手臂抱得更紧，双手也抓得更紧了，最后她只能什么东西也不买愤怒地离开。这样的动作信号就是表达着她不断上升的愤怒感和尴尬。

但这种手部动作和前面讲过的双手叉腰要表达的愤怒却有所不同，双手叉腰的愤怒是主动的，随时打架都不会退缩的，会因为对方的行为给予直接的反击；而抱紧双臂的愤怒是被动的，更多的是要掩饰自己内心的不安和无所适从。所以前者的反击可能会在愤怒的当时就马上反击，后者的愤怒的反击可能会隐藏很久才反击，甚至是要“策划”一番后再反击，或者自行离开，眼不见为净。

很明显的愤怒：怒目而视

在正常情况下，人的虹膜是不会完全暴露在外面的，虹膜的上半部分的四分之一左右，是覆盖在眼睑之下的。当然，这说的是在一般情况下，一旦人们的情绪发生了波动，比如愤怒的时候，表情也会随之变化。这个时候，虹膜会大幅度提升，虹膜上半部分的很大一部分就会露出来。虽然这个时候，这层褶皱的重叠会让上睑线因压力而变形，但是我们可以推断，要是没有眉毛下压，上睑就不会紧紧盖住虹膜的上缘，而是会越过虹膜。而且，在愤怒的时候，并不是只有上眼睑有变化，下眼睑也会有变化。在上眼睑提升的时候，因为眼轮匝肌的收缩，下眼睑也会有小幅度地提升。此时，它不但会比之前更直，而且会更加紧。有了这些表情，怒视的力量就大大增加了。

当上眼睑提升到露出虹膜上缘、下眼睑绷紧和双眉下压这三个条件同时满足的时候，就会出现怒目而视的表情，眼睛里好像要喷出火来。

当然，理论和现实还是有一定差距的，上面讨论的是愤怒表情的标准。但是在现实生活中，每个人愤怒的表情都各不相同，不一定非要满足这个标准。

生活中出现这种现象的原因也有很多，比如这是动态的一瞬间，但是刚好抓拍成为一帧，然而这并不是愤怒的终结状态；又比如说行为人虽然愤怒，但是他们心中还是有一点害怕，所以向别人进攻的欲望不是特别强。最重要的不是观察眼睛的大小或虹膜暴露的多少，而是要去注意眉毛、眼睑的形态组合。

愤怒的人鼻孔张开

“愤怒”两个字，说起来很简单，但是做起来也没有那么容易。因为在愤怒的时候，需要动用到上唇肌和上唇鼻翼提肌。当然，这两组肌肉动起来的直接后果是提升上唇，但是由于鼻子和嘴唇的位置很近，所以鼻子的形态也会受到影响。这时候，鼻孔会变大，鼻翼的两侧会形成两道深深的沟。另外，受到这几块肌肉的影响，人的脸颊也会稍稍隆起。

很多人都看过美剧《别对我说谎》，也会对其中的一个镜头印象深刻：秃顶、大块头的犯罪嫌疑人听到了莱特曼说到炸弹真正的藏身之处的时候，有了非常典型的愤怒的表情，鼻孔张开，怒目而视。而莱特曼凭借这个表情，就断定炸弹就藏在自己刚才试探性地询问的地方。不过，在编剧看来，这个表情竟然是表示轻蔑，实在是让人大跌眼镜。如果不看上半脸的眉眼形态，只看上唇提起和鼻子两侧的深沟，说轻蔑好像没错。但是如果把上半脸的眉眼形态考虑进去，就不是那么回事了。之所以这么说，是因为愤怒来自于威胁，这个秃头是因为自己的犯罪计划被发现，无法继续实施下去，所以才会愤怒。而在正确答案产生威胁的时候，是不会出现表示否定的轻蔑的。

在愤怒的时候，我们总会用一个词来形容：吹胡子瞪眼。其实这两个动作都是比较明显的。但是由于鼻孔的大小有限，不可能像眼睛一样随意睁大，所以只会有些轻微的张开，如果不仔细观察是看不出来的。

愤怒的人毛发竖直

有很多人在描述自己的恐惧的时候，都会说“寒毛都立起来了”。其实，这种表情并不是恐惧独有的，在一个人愤怒的时候，也会有这种反应。而且这也不是人类独有的，动物也会这样。比如说动物园里的猩猩，在它突然受到惊吓，或者有人惹它生气，甚至电闪雷鸣的时候，它的毛发就会直立起来。如果一只猩猩发怒了，它的头发就会根根直立，而且会向前突出。除此之外，它的鼻孔还会大大地张开，发出独特的呼喊声，好像是想用自己的喊声来把对方吓跑。猩猩的发怒是很有意思的，因为它并不是所有的毛发都会竖起的，而是只有沿着背部从头颈直到腰间的这部分，别的地方是不会竖直的。

在一个人愤怒的时候，他的毛发也会竖立起来。那么，这是什么原因呢？之所以会出现毛发竖立的情形，是因为人身体上的立毛肌收缩。立毛肌附着在每一根毛发的毛囊里，立毛肌一收缩，毛发就竖立起来了。不过很快，这些毛发就会倒伏下去。另外，在人寒冷的时候，立毛肌也会收缩，人的皮肤上会出现鸡皮疙瘩。

大吼发泄愤怒

在我们去动物园参观的时候，会发现，如果动物之间发生了战斗，大部分时候它们都会仰天长啸，特别是老虎和狮子这种个头比较大的动物。这些行为发生在动物身上，其实是很容易理解的，因为它们并不像人一样，接受过教育。但是，这种行为并不是仅仅发生在动物身上，人在愤怒的时候，也会大吼。虽然人类有着那些社交规则的约束，但是人们在处于愤怒状态的时候，往往会暂时失去理智，也会像动物那样大吼大叫。当然，大吼也不是愤怒的全部，虽然说君子动口不动手，但是如果人们实在是难掩自己的愤怒，也是有可能动手的。愤怒会带来巨大的能量，如果不及时消耗掉，身体会很难获得平衡。但是，我们从小就被教育要注意自己的言行举止，特别是对于可能给自己带来麻烦的愤怒，人们更是容易掩饰自己的这种愤怒情绪。

第十章 说不出却藏不住的痛：悲伤与痛苦

悲伤源自哪里

悲伤与欢乐一样，是一种十分常见的情绪，很多高等哺乳动物都具备这种情绪，而人类最为显著。悲伤属于人生之常态，无论富贵贫贱，只有化解程度的轻重之分，没有躲过与躲不过之分。使悲伤逆流成河的原因有很多，我们试简要分析之。

据心理学家分析，悲伤是一种负性的基本情绪，常常由生活中的丧失、分离和失败引起，难过、沮丧、失望、消沉、孤独等情绪体验都属于悲伤的范畴。悲伤的程度深浅取决于失去的东西对于悲伤者所认为的价值的大小和重要程度，也依赖于主体对于情绪的掌控能力和个体特征，以及意识倾向。

人类的悲伤情绪常常源自于经历上的不成功或得不到，如：重要物品的失去，亲友的离去或死亡，婚姻或某种亲属、朋友关系的分崩离析，失业、残疾、疾病、精神上的失去或不得，例如荣誉或名誉的失去、梦想受挫、信念崩塌等。但值得注意的是，悲伤这种生物反应又会因个人生活经验与文化背景而有所不同。例如，失去亲人往往会让人觉得悲伤，但这种悲伤程度可能会因具体情况而定，例如寿终正寝的老人去世被称为“白喜事”，这种在中国人看来顺应天命的死亡反倒是一件“喜事”，悲伤的程度自然有所减轻，而白发人送黑发人的悲伤则是痛彻心扉的。也就是说，引发悲伤的事情，其悲伤程度受主客观多方面的影响和限制。

简单来说，与意识主体的主观预期相距越远，其悲伤程度就越深。某种失去来得越突然越猛烈，意识主体就越不愿接受这种情绪，而他沉浸在悲伤之中的时间也就越久。不同程度和不同原因引起的悲伤，其程度和表现方式也不尽相同，主要可以分为哭和沉默两种，尤其是在悲伤程度较深的时候，伪装和隐藏悲伤情绪的难度较大，即便是一些深谙人际交往之道的人们无法也不愿意完全隐藏自己的悲伤情绪，在适合发泄的情况和境遇之下，几乎所有人都会将自己内心的悲伤表现出来。而当意识主体沉浸在悲伤的情绪之中时间过于长久的话，很有可能导致一系列心理甚至是生理的问题，抑郁症就是典型的结果。这同样和引起悲伤的原因、意识主体的主观思想、观念和性格等多方面有关。但是无论怎样，将悲伤发泄出来，是一种减轻悲伤的伤害，排解内心抑郁的好方法。这就警示沉默的伤心人，一定要发泄出来，否则，当悲伤郁结于心，只会悲上加悲，伤而更伤。

悲伤的表情特征

人们在感到悲伤时，由于不同的刺激力度和每个人抑制感情的不同程度，表现出来的悲伤分为很多不同的类型和等级，例如极端悲伤时的号啕大哭，普通的正常哭泣，默默地抽泣，紧闭嘴唇默默地流泪，感到委屈、忧伤等等。在感到极度悲伤时最饱满的痛苦状态下，体现出来的面部表情非常清晰，很容易进行识别。而在其他程度较弱的悲伤反应中，眼睛、眉毛、嘴巴表现出来的变化和特征比较不明显，使他人不容易察觉。

在比较明显的哭泣表情中，由于生理结构的要求，双眼一般都是紧紧闭起的，而且通常情况下哭泣的程度越强烈，双眼闭合的力度也就越大。哭泣时，嘴极有可能张开也有可能是闭合的，但是不论张开或是闭合，嘴角一定是向两边拉伸的。至于张嘴还是闭嘴，在于悲伤的程度和当事人自我抑制的程度。在没有感到悲伤和痛苦时，故意做出闭眼和咧嘴的动作会显得比较刻意，而悲伤时的这种表情会更大而且显得更自然。这是由于内心情绪会使大脑向机体释放很大的能量，从而能够做出自然的生理反应，而伪装出来的表情和动作不可能模仿得一模一样，只有心理或生理真的感到痛苦才能达到自然的反应程度。

在悲伤程度较深的痛苦表情中，包含两个主要的因素：一个是明显的痛苦的面部表情，肌肉发生收缩和痉挛；第二个因素是发出的声音很大，发出很大的声音会增强当事人的悲伤情绪，如果旁边有别人的话，还可以加强情绪的表达效果，但是大声哭喊会加速身体的能量消耗。而成年人在社会生活中，不太可能在日常交往中表露这么强烈的情感，更多的是克制的表情和用理智的语言来表达自己的内心感受，很少有机会能够像儿童那样痛快地大哭一场。因此对大多数成年人来讲，这种最饱满的痛苦出现的很少，通常只会在亲人或所爱之人遭遇不幸时发出这样的哭泣。在其他普通情况下，悲伤都以更为隐晦和克制的方式表现出来，例如一个人默默流泪等等。

眉毛是悲伤表情的标志性特征，不论是充分的痛苦还是平静的悲伤，眉毛都会呈现出不同程度的扭曲：双眉下压，眉头皱起并微微上扬，眉毛在内侧 1/3 处形成扭曲。甚至在没有眼睛和嘴部变化的平静的

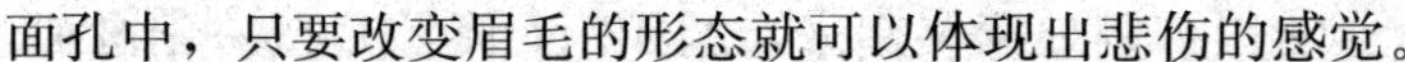

面孔中，只要改变眉毛的形态就可以体现出悲伤的感觉。

痛快哭一场

在成人的世界里，痛哭是一种十分少见的情况。而实际上，痛哭是悲伤情绪最激烈的发泄。当我们还是小孩子的时候，面对一些无法改变却又不愿接受的事情，我们总是会号啕大哭，以此来表现自己内心的不满和无奈。也就是说，当我们最朴素的要求得不到满足的时候，痛哭是我们最毫无顾忌地表达。

然而随着年龄的增长，我们受到身边环境和身份地位以及形象等多方面的限制，号哭成为一种奢望。除非是遇见了实在难以承受的事情，在最最亲近的人面前，我们才敢完全地释放自己，放声痛哭起来，这时候，我们常常希望身边有一个可以投入的怀抱，有人能轻轻拍着我们的肩膀，即便是事情依然没有得到解决，这样的发泄对我们来说也足够了。女性哭的次数本身就多于男性，而女性号哭时多是躲在爱人的臂弯之中，所以我们在日常生活中相对更常见女性号哭的景象，而男性的号哭则是非常绝望的表现，是生活完全失去希望的表现，例如，生意破产，一无所有……

在成人的世界里，很少有人像小孩子一样因为束手无策而痛哭，因为成人明白一个更加朴素的道理，痛哭换不来别人的同情和帮助，反而会被投来冷漠甚至是鄙夷的目光。实际上，现实生活的压力常常使得现代人痛苦不堪，这种痛哭并非有具体触发点，而是人情淡漠、信仰缺失的现代社会给予的精神上的空虚和忧虑，例如自己的梦想越来越遥远，当下的生活是自己曾经最厌恶的，生活庸庸碌碌看不到未来等。这些人生的困境在很多时候或许并不会使人哭出声来，但是在一些触发点出现的时候，很多人会难以抑制地痛哭起来，例如，一张照片或一副画面，一首歌或一部电影，一场聚会或一次醉酒，这些往往会让人思绪万千，也往往会勾起很多不堪回首的往事或回忆，在外部环境允许，如一个人在家，或是在可靠的朋友面前，痛哭就有可能爆发。

一个很典型的事例就是，一些在社会之中打拼了很多年，被物欲横流的现实社会磨掉了诸多棱角的即将步入中年的人，在进行了一场以青春为主题的活动中常常会回忆起自己的青春，之前的梦想和心绪以及爱情都已无疾而终，这种痛苦并非痛彻心扉，却常常会引起一场号哭。

成人的痛哭

虽然随着年龄的增长，人的痛哭次数在逐渐减少，但是因为悲伤情绪引发的痛哭，其面部的形态与五官位置的变化与婴儿时候的痛哭几乎完全一致。悲伤的情绪能够调动和聚集全身的能量，自发地刺激面部器官尤其是嘴、眼睛等部位的肌肉，使之做出剧烈的运动，从而完成痛哭时候的表情。

与婴儿不同的是，成年人的皮肤不会像婴儿一样细嫩和光滑，因此，在面部器官出现扭曲的时候，面部的皱纹也会随之呈现出来。眼轮匝肌和皱眉肌同时收缩，造成眉毛的自觉下压，眉头间就会出现纵向的皱纹。同时，额肌中部会出现收缩以至于眉头出现轻微的向上提升，眉形的后 2/3 处则会呈现出水平的状态。这种扭曲的眉形在很多表情中都会出现，尤其是在行为主体受到负面情绪的刺激的时候，例如，悲伤、恐惧等。因为悲伤的时候，眼轮匝肌收缩幅度到达极致，因此眉毛扭曲的程度也要高于其他表情中的眉形扭曲程度。

同时，眼轮匝肌的收缩还必定会造成眼睑的闭合，眼角内侧便会由于过度挤压而形成微小的括号型皱纹，眼角外侧的挤压形成单条深纹，也可以称之为鱼尾纹。与婴儿的痛哭表情相同，哭的程度越剧烈，眼部肌肉也会随之收缩得越紧，成人眼部出现的皱纹也就越明显，眼角外侧的鱼尾纹数量越多。

提上唇肌收缩使得上唇位置提升的同时，会与眼轮匝肌共同起作用，使脸颊的位置提高，隆起的脸颊与下眼睑相互挤压，造成下眼袋和明显凸起和眼睑下方的凹陷区域的形成，鼻翼两侧也会形成鼻唇沟。此外，位于颈部同时受面部神经支配的颈阔肌收缩，将嘴角向外部两侧偏下方向拉伸，使嘴的水平宽度比平常增加并达到最大极限；这样的拉伸就会使得嘴角与脸颊之间出现挤压，形成法令纹。降口角肌的收缩会使得嘴角向下拉低，同时降下唇肌收缩会将下唇整体下拉，这时，下齿会不自觉地露出。

因为悲伤情绪引起的痛哭表情调动了面部的绝大部分肌肉的收缩，因此很难伪装。伪装之下的很多表情都难以达到肌肉收缩的极限。

眉毛和眼睛表露的悲伤

普通程度的哭泣与痛哭的表情相差不多，两者的差别主要在于眼睛的闭合程度和气息的剧烈程度。悲伤程度一般时，人的眼睛通常是睁开的，但是悲伤时的眼睛与平时有所区别。由于内心难过会使眉毛下压，因此上眼睑的提升会受到抑制，眼皮上会形成细微的褶皱。人在感到恐惧时眼皮上也会出现褶皱，但是与悲伤时相比要更为明显，这一点是睁着眼的恐惧和悲伤表情的主要差别。

除此之外，由于眼轮匝肌发生收缩，并且主要是下部分收缩，会导致下眼睑轻微上提。这就使虹膜被遮住的部分增多，虹膜的上下缘都被遮住了一部分。由于眼睑比平时遮住了更多的眼球，眼神就会显得比较暗淡，失去了平时的光彩，而眼睛中的警觉事情也在瞬间消失。这是由于眼睛张开的幅度减小，使得眼球的黑白对比减弱，而且眼球的反光面减少造成的。

悲伤时眉毛的形状是较为复杂的。悲伤的情绪会导致眼轮匝肌的收缩从而使双眉下沉，但是由于眼睛是睁开的，眉毛又受到向上的相反作用力的拉扯，这就使眉毛先向下压低，然后眉头向上挑起，而且向上提升的幅度要比闭着眼痛哭时更明显，这一点是区分痛苦与普通哭泣的主要标志。即是哭泣程度减弱，但是悲伤的情绪还是会使眉毛保持这种复杂的形状。额肌和皱眉肌一直在进行相反方向的角力，额肌向上提拉眉毛，而皱眉肌则将眉毛向下压。将眉毛向下压的力被额肌的收缩力所中和，从而导致眉头向上挑起，眉头之间形成的垂直皱纹显示出皱眉肌的收缩程度。而在放松状态下，眉毛不会出现这样的形状。额肌和皱眉肌的角力使眉毛呈现出不同的形状，一些人的额肌较为强势，他们的眉毛就会保持水平状态；而有些人的皱眉肌较为强势，则他的眉毛呈现出八字型，或者平时说的“囧字眉”。但相同点在于，悲伤的表情中眉毛都会显示出纠结的样子，而眉头旁边 1/3 处的扭曲程度，体现了内心悲伤的程度。这种眉毛是典型的悲伤表情，可能是由于内心的痛苦被抑制造成的纠结，使眉毛变得扭曲，从而增强了表情的感染力。

这种扭曲的眉形不仅会在痛哭时出现，还存在于任何一种悲伤程度的表情中。有时人在没有感到悲伤时也会出现这样的眉毛，例如在寒冷的冬天，恶劣的天气也会让人们不经意间皱起眉头。在这种情况下，这样的眉毛更多代表了身体上感到的痛苦，而非内心的悲伤。这是由于恶劣的天气和悲伤的情绪都会使人感到无力改变的负面情绪，所以会出现相同的表情。

平静之中隐藏的悲伤

在前文中，我们已经多次提到，成人因为所处的环境、与身边人的关系以及维护形象的考虑，不会选择像小孩子一样非常直接地哭出来。男性尤其明显，为了塑造自己男子汉的勇者形象，眼泪这种软弱和无能的象征是相当被鄙视的，因此几乎和男性很少有关联。但是这并不意味着坚强的人就能躲得过悲伤，只不过他们会选择一种相对不易察觉、更加隐秘的表现方式来表达，比如转移注意力然后强颜欢笑，长时间的沉默不语，或是用吸烟或饮酒来排遣忧愁。

在多数情况下，当悲伤的程度较深，例如亲人或爱人的骤然离世，即便是找到了适当的发泄机会，内心深处的悲伤也还需要长时间的消磨，这对于大多数人来说都是一种煎熬，因为没有人会一直陪在身边，即便是有人能做到长时间的陪伴与安慰，意识主体自身的伤痛也必须由自己来一点点地消化和化解。

因此很多时候，那些经历了重大创伤的人在经过一小段时间的调整和恢复之后，心情会稍稍平复一些，悲伤的情绪也会暂时隐藏起来，回到正常的生活和工作轨迹上来。但实际上，他并没有走出悲伤的阴影，这种表现只是暂时的平静，而真正的悲伤还深深地隐藏于表面的平静之下。如果细致观察，你会发现，他平时的表情依然是常常紧锁着眉头，嘴角紧闭，几乎没什么笑容，即便是身边的人主动营造轻松欢快的氛围，他的面部表情也是轻微地附和和敷衍。他做任何事情都很难提起激情，这种情况也可以被理解为情绪的低落，因为他不能再肆无忌惮地发泄自己内心的悲伤以影响他人的正常生活安排和心情，但又做不到完全迎合大家的情绪，所以显得闷闷不乐。

如果在日常生活中，我们身边的朋友或同事出现了这种情况，那么我们不必强行地为他制造欢乐氛围，因为他几乎不可能融入其中，与其白费力气，倒不如为他留一片相对安静的个人空间，或是由与他关系亲近的一两个朋友适时陪伴在他身旁，陪他散散步，听他把自己心里的苦闷讲出来，安静地给一些安慰，或是让他进行一次远行，换一个环境，或许可以让他从悲伤中暂时地走出来，也可以重新审视自己现在的生活，更好地规划未来的生活。

为自己化解悲伤

一个真正懂得享受生活、享受生命的人往往不是在物质上对自己最优厚的人，而是乐观开朗、能够迅速化解忧愁的人。因为没有人能保证自己一生都处在快乐之中，没有人的生命之舟是一帆风顺的，只有学会善待自己的精神和内心，学会在苦难和悲伤之中寻找希望，才会让自己远离悲伤，让自己生活中的悲伤不再逆流成河。

现代人在物欲横流、节奏飞快的社会生活中更要学会调节自己的情绪，因为没有人能保证时时刻刻陪在你身边细语安慰，对于悲伤，更不会有人感同身受。只有自己学会尽快走出悲伤，才不会影响今后的生活，也不会给身边的人造成负担。这就需要我们掌握几种重要的情绪调节方法，其中最常见的就是对自己微笑。

我们生活的环境很有可能是冷酷的，尤其是在拼搏奋斗的过程中，很可能没有人分享我们的喜悦，更不会有人和我们分享悲伤，在这种情况下，对自己微笑是一种十分奏效的方法。你可以拿出一面镜子，在镜中你首先看到的一定是自己的愁眉苦脸，如果你的面部表情不改变，那么你的愁苦会在无意之中加重，因为镜子中的景象会给你造成一种消极

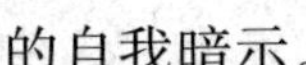

的自我暗示。

但是如果镜子里的你在对镜子外的你微笑，那么你将会接受到一种积极的心理暗示，布满阴霾的心情也会得到些许的改善。因为微笑会传递一种快乐的信号，尽管这种快乐的信号在最初是被你假设出来的，但逐渐地，你会忘记这种假设，而将重点放在信号本身上。

此外，微笑的时候可以牵动面部多块肌肉收缩，可以扩展肺部，从而扩展增大对机体的供氧量，使得身心得到一定程度的放松。调查显示，微笑 5 分钟相当于进行了 45 分钟的有氧锻炼。同时微笑还可以传递一种年轻的信号。看着镜子里微笑的自己，你会觉得自己仿佛年轻了几岁，从而对生活又重新充满信心。这也就是我们常说的“笑一笑，十年少”。

除此之外，大声地喊叫也会将自己内心的郁结释放出来。如果你刚刚遭遇了一件令你十分压抑的事情，你可以寻找一个空旷的高台，或是找一天空闲的时间到郊外去爬山，当你独自一人站在高处放声大喊之后，内心会轻松许多。这种情况更加适合于精神受到压抑，碰到一些让人觉得窝火的事情。因为日常的工作生活常常让人觉得压力无限，而大声的喊叫则可以将这些压力和紧张以另外一种形式发泄出来。这对于精神高度紧张、常常出现内心疲劳的现代人来说十分奏效。

在日常生活中遇见不快是十分常见的现象，首先，我们要学会遇事不慌，沉着冷静，将可能出现的损失降到最低，如果结果实在难以挽回，我们就可以试着用自我调节的方式将消极情绪对自我的影响降到最低。

女性的撒手锏

现实生活中的女性常常要比男性更加情绪化，也更加容易将情绪表现出来，尤其是在处理恋爱或婚姻内部问题的时候，女人常常喜欢运用各种男性最怕的手段来达到威胁对方、使对方妥协的目的，最典型的就是我们常常说的“一哭二闹三上吊”。

哭仿佛是女人的天性，女人的眼泪对男性也具有十足的杀伤力。在男性面前，当女人的某种要求得不到满足的时候，她们常常会选择哭泣来博得男性的同情，使男性的心软下来，从而向自己妥协。

女性的哭泣是显示自己软弱无助的重要手段，尤其是嘤嘤而泣的哭，这种梨花带雨般的哭泣动作通常会将女性柔美动人的一面展示出来，她们紧蹙着眉头，脸上挂满泪珠，这会让男性觉得不答应她们的要求就是不怜香惜玉。女人声泪俱下的哭泣也非常具有杀伤力，那种边哭边喊的样子像是她占尽了全世界的道理，而对方则一无是处，她的要求如果还是得不到满足，那男性则是罪该万死了。

女性在显示自己的悲伤的时候，有一种别样的风韵。如果在咖啡馆里看见一位独坐的女性神情忧郁，面容憔悴，低首蹙眉，那么会有人联想到她经历了怎样的遭遇与不幸，甚至会有男性主动上前搭讪，询问是否需要帮助；而如果一位女性神采奕奕地坐在那里，则很少有人关注和猜测她的心理，也不会有人主动上前搭讪了。因为在女性无助的时候，男性往往愿意挺身而出，送上帮助和问候，以此显示自己的体贴与关怀，并更多地展示自己身为男性、身为强者所具有的能量和担当。

然而，男性十分害怕女性的吵闹，因为那种叽叽喳喳的感觉会让他们感到十分烦躁，所以如果女性希望自己的另一半满足自己的要求，或是希望对另一半实现全方位的控制的时候，常常会使出这一招，让男性难以招架，从而缴械投降。在恋爱或是婚姻生活中，男性常常扮演息事宁人的角色，他们害怕女性向自己撒泼，更担心出现无休止的吵嚷局面，因此宁愿自己妥协，也不愿意让事态恶化到任由女性哭闹的地步。

寻死觅活则是一种较为低劣的手段，相对于哭闹来说，受教育程度较高的女性几乎不会做出这样幼稚和肤浅的举动。哭闹已经是她们的极限了。如果事情在正常情况下谈不拢的话，哭闹尚且会被拿来一用，如果哭闹还是不能奏效，则表明这件事情没有商量的余地，聪明的女性会选择更加有技术含量的手段来解决，或是干脆放弃。寻死觅活常常是没有什么文化又泼辣难缠的女性惯用的手段，但也会让男性更加无奈，从而无条件妥协。而比较危险的一种情况是，这种极端的举动会招致男性更多的反感，从而使男女之间的关系出现彻底的决裂。

抑郁成灾

有一句古诗说得好，“人生不满百，常怀千岁忧”。尘世中的人们总是逃避不了各种忧愁和苦恼，如果能通过倾诉、转移等方式排解，那当然会得到好的效果，起到积极的作用，但如果意识主体的心理承受能力差，不善于自我化解，这些忧愁和苦恼郁结于心，长此以往就会出现更为严重的后果，影响人体的生理机能，严重的话还有可能危及生命。抑郁症就是一种十分严重的后果。

抑郁症已经成为目前世界上一种十分常见的心理疾病，据世界卫生组织的统计数据显示，抑郁症已经成为世界第四大疾患，预计到2020年，抑郁症的患病率可能会上升至第二位，成为仅次于冠心病的第二大疾病。抑郁症的患病原因可能是多方面的，主要的临床特征就是持续而显著的情绪低落，并且这种情绪上的低沉处境有时并不与其自身的处境相称，严重的抑郁症患者还有可能产生自杀的念头或行为。

在人群中，青年患抑郁症的概率较大，科学上对此并没有确切的论断，但是抑郁症的发病原因目前可以被分为以下几类：1. 遗传。根据群遗传流行病学的调查研究显示，有抑郁症病史的家族中，其成员患抑郁症的概率会提高，这与其他疾病的遗传机制是一致的。也就是说，与患病者血缘关系愈近，患病概率越高。2. 社会心理。生活中重大的灾难或打击，或是长时间的精神欲求得不到满足，意识主体的消极情绪得不到有效的排解和发泄，常常会引发抑郁症。3. 药物影响。很多药物的副作用就包括导致情绪低落、意志消沉，如一些高血压患者服用的降压药，一些减肥药中也含有能够导致人精神不振、情绪烦躁的成分。4. 某一阶段生活状态的改变也会诱发抑郁症。例如，在高考之前，一些考生由于学习压力和升学压力过大，并且这种压力又难以排解，在长期沉闷的环境的影响之下，抑郁症的发病概率就会增加；再如，产后抑郁症，由于孩子出生以后的生活与产妇之前预想的生活出现了较大的偏差，孩子的喂养方式、分娩前的恐惧、夫妻关系不融洽、婆媳关系不融洽、家庭经济紧张，以及产妇生活环境的忽然封闭、产妇人格较弱或神经质特点、高龄产妇等多种原因造成。

目前，抑郁症只能较多依靠心理控制进行适度的调节，药物治疗和物理治疗存在较大的副作用，并且价格较为昂贵。因此抑郁症不仅会给患者和家庭带来重大的精神压力，也会带来沉重的家庭负担。

现代人如何远离抑郁症

多项调查研究显示，抑郁症已经成为威胁人类健康的重大疾病之一。然而为什么古代没有听说过抑郁症呢，反而在科技、经济、社会、文化高度发达的今天，抑郁症却愈加猖獗了呢？此外，由于抑郁症而自杀的人很多集中在高学历、多从事脑力劳动的群体中，这又是为什么呢？有学者提出，抑郁是进化的需要。

美国伦道夫一梅肯学院心理学系主任凯利·兰伯特教授就谈到，生活舒适易导致抑郁，年轻人更易受困扰。

兰伯特认为，当下高节奏的生活方式虽然在很大程度上使人们的生活变得更为便捷，但是也存在危害心理健康的东西。相反，古人为了生存，必须在恶劣环境下进行艰苦的体力劳动以维持生计，当最基本的生存需求得到满足以后，整个人都会处在放松的状态之中，大脑也会像完成任务一样处在毫无压力的状态之下，神经不必紧张。这也就是古人常说的“知足常乐”。而现在，尤其是高学历的脑力劳动者，其体力劳动非常少，高强度的脑力劳动本身就容易导致大脑神经的高度紧张和疲劳，再没有体力劳动所带来的压力转移，对生活的期望值也越来越高，内心的各种欲求都得不到满足，自然会长期处在不愉快的气氛中。

美国弗吉尼亚联邦大学精神与行为遗传学中心的保罗·安德鲁与安德森·汤姆森教授提出，抑郁的人常会以高度分析性的思考模式，去激烈地反思问题，并持续很长时间。这种思考虽然高产，耗费亦不少，需要大量能量。也就是说，抑郁者常常纠结于某些复杂问题，十分爱钻牛角尖。因此常常陷于痛苦的思考当中，难以自拔。

其实，只要现代人调整自己的生活方式，寻找适当的放松途径，为自己工作生活中的压力找到合理的排泄口，抑郁的情绪就会得到有效的排解。例如，常做一些户外运动，充分感受大自然的魅力，吸收新鲜的空气，会让人感受到远离城市喧嚣的美好；常去旅行可以扩展人的视野和思维，让我们看到不同文化背景和生活方式中的人们也会有不同的寻找快乐的途径；多读书、欣赏美好的艺术品可以净化人的心灵，改善物质与金钱营造的铜臭气氛；多与喜欢的人交流，几个朋友一起做些喜欢做的事情，哪怕只是聊聊天，也会起到放松的效果；遇见不开心的事情要及时地倾诉或是转移开来，尽量避免沉浸在抑郁的气氛中，让抑郁症无懈可击。轻松健康的生活和思维方式可以有效地预防抑郁症，还你一个快乐的人生。

第十一章 谁在仰视着谁：服从与合作

服从于高高在上的人

在日常生活中，我们总是喜欢对那些“高高在上”的人表示出服从。所谓高高在上的人，生活中可能是指我们的父母，工作中则是上司、客户等。

社会心理学家认为作为自然人的个体之所以会有服从行为，其主要原因有两个：一个是自然个体对于合法权力的服从。在我们约定俗成的观念下，特定的情境中，社会会赋予某些社会角色更大的权力，因此导致了另外的一些社会角色有服从于他们的义务。比方说，在学校里，学生应该服从教师；在医院里，病人应该服从医生等。而在人类反应的各种实验结果表明，越是在陌生的情境下，人们就越容易产生“服从”的意识，这是自我保护意识的表现状态之一。第二个是个人都希望自己身上的责任得到转移。一般情况下，我们对于自己的行为都有自己的责任意识，如果我们不希望造成某种行为的责任落到自己身上，我们主观地认为该行为的主导者不在自己，而在我们所服从的人。因为，我们一旦服从了别人，便会在心理上营造出因执行指挥者的命令而产生该种行为的意识，因此，我们就不需要对这个行为负责，于是服从者的身上便发生了责任转移，使得人们不考虑自己的行为后果。

影响服从的因素很多，概括起来主要有三个方面：第一是命令发出者。命令发出者的权威性高低，他对服从者是否关心、爱护，他是否会对命令执行的过程负责等，都会影响到我们的服从程度。第二是命令的执行者。命令的执行者就是一般意义上的服从者。服从者的执行水平、人格特征以及文化背景等也都会影响到他对命令的服从。第三是环境因素的影响。比如执行过程中是否有人支持自己的拒绝服从行为，周围人的榜样行为怎样，服从者一旦拒绝或执行命令的行为反馈情况如何等，也会影响到服从者的服从行为。

通过上述分析，我们可以看出，服从不是一种嘴皮上的功夫，善于称赞领导的人却未必有很多的甜蜜语言，反而是以自己的行动来贯彻上级的意愿，使被服从者的权威和威信得到认可、维护和巩固，这样，无疑是最聪明的服从，聪明的领导也最喜欢这样的赞美。而作为聪明的下属，一方面要尊重领导的决策和命令，另一方面又要能有分辨地执行领导的决定，只要事情解决得完满，把功劳很大程度上归于领导，这样才能得到领导的赏识和信赖。

有些被服从的人会骄傲

人生在世，我们要做的最主要的事情就是不断提升自己的灵魂，但骄傲的人会认为自己是十全十美的，从而忽视了对自身灵魂提升的重要性。正因如此，骄傲极为有害，它妨碍人去完成人生的主要事业，妨碍人改善自己的生活。在生活中，很多被我们所服从的人会因为其他个体的服从而感到骄傲，例如我们的上司。

在现代职场上，有很多上司非常自负，经常口出豪言壮语："没什么我不知道的，我说的一切都是对的。"这是骄傲上司的其中一种，他们大多会自以为天下没有他们不知道的事。管理学家尤因把这种心理称为"全知全能信念"。其骄傲的表现主要有：总是不耐心听完下属的话、说话时总是听几句就凭感觉下结论，还会用"我都知道了，不用说了"这种话来打断双方谈话等等，这些都是陷入"全知全能谬误"的上司表现。在这样的前提下，即使他们的下属提出了多好的新构想，上司也会以"他不这么认为"为由对这些好建议视若无睹。这种骄傲型的上司堪称是扼杀创意的好手。

另外，还有不少上司，虽然他们自满的程度还没有达到"全知全能"的地步，但也认为至少在公司内部自己算是"第一名"。这种上司觉得一切问题只要自己一出马，就能完美解决，所以总是到处干涉下属的工作。这种干涉完全称不上"美德"，只能勉强将这种上司归纳为"过分自信"罢了。他们认为自己的行为不是在炫耀，而是在向下属传授难能可贵的工作经验。他们坚信这样的传授是下属甘于接受的，也坚信这些活生生的经验之谈能够达到工作项目所需要的最好效果，还会自以为所有的下属都应该认同自己的教导是很有价值的。但这些上司却忘记了大部分下属都把上司的经验之谈当作无谓的说教罢了。

骄傲的人总是喜欢在各种情况下挑剔和教训其他人，缺少对自己情况的客观考虑，但是，骄傲的人由于缺乏对自身的客观评价，也容不下别人对自己评头论足，因此很容易堕进骄傲所设下的陷阱。正如《马太福音》所言："你们中间谁为大，谁就要做你们的佣人；因为凡自高的，必降为卑；而那自卑的，必升为高。"意思是，那些想在别人心目中抬高自己的人，是一定会下降为卑贱之人的，因为那些被人们视为优秀的、聪明的、善良的人，是不需要努力去刻意营造良好形象的，他们本就良好，自然会以身体力行的方式树立起自己的形象。而那自视卑贱的人，以后或将成为高贵的人，因为那些人总是认为自己不够优秀、不够好，因此就会努力去变得更好，更善良，更有智慧。

谁服从于谁

现实生活中，服从者与被服从者是相辅相成、相互促进的关系。一般情况下，我们能从以下几个方面看出服从者与被服从者的关系。

一是当下属敢于和上司一同承担责任时，下属具备服从上司的特质。上司也会有上司的难处，他们也会碰到很多始料不及的事情，如果在上司如此需要你的关键时刻，你能够主动站出来，服从上司的安排，为上司解燃眉之急，无疑是你服从上司的最好表现。

二是在服从的过程中彰显自身的才华。并不是说服从便一定是同质化的，服从的过程中也能抓住机会彰显自己的特色和优势，因此很多专业技巧性很强的人才及下属会受到上司的特殊礼遇。如果你是一位有专业才能的人才，也想在工作中发挥自己的才华，就更加应该学会认真执行上司交代的任务，不管任务的大小繁简，都以服从并认真的心态去完成，这样，会使你更快地成为上司心目中不可或缺的倚重对象。

三是不盲目地服从。服从不等于盲从，当我们发现上司的决策有偏差的时候，应该积极地把自己对决策的想法和建议告诉上司，及时纠正纰漏，忠直进言是必须的。作为下属，不能只是刻板地执行上司的命令，而是要在短时间内对决策的各种执行可能性及预期效果做出考虑，考虑怎样做才能更好地维护公司的利益和自己的利益。当上司知道这一点之后，一定会对你刮目相看。同时，始终要记住一点，那就是你是来协助上司完成经营决策的，而不是来制定决策的。所以，当上司的决定不完全符合你的预设想象时，作为员工，也要全心全力去执行上司的决定；在你执行任务时，一旦发现这项决意的确存在错误，那就要尽己所能，让这个错误所造成的损失降到最低限度。

在这个世界上，“没有卑微的工作，只有卑微的工作态度”，个人的发展与团队的发展是有着密切联系的。一个人要是乐意为企业奉献，那么企业也一样会给予相应的回报。

低头处世，昂首做人

有人说，低头的人没志气，也有人说，低头的人城府深。其实不然，生活中，我们低下的头，可能不过是一个动作表现，但是动作上的低头和心理上的低头还是有区别的。

富兰克林被称为“美国之父”，在他年轻的时候，一位老前辈请他到一座低矮的小茅屋中见面。富兰克林到了，他挺起胸膛，大步迈进茅屋，可是一进门，“砰”的一声，富兰克林的额头撞在门框上，顿时红肿了起来，他很疼痛而且很困窘。没想到，老前辈看到他这副样子，非但没有安慰他，反而大笑着说：“很疼吧？你知道吗？这是你今天最大的收获。一个人要想洞察世事，练达人情，就必须时刻记住低头。”事后，富兰克林记住了老前辈的教导。

在我们的生活交际中，也会经常看到一些无论说话还是走路都微微低头的人。这种人之所以低头，不代表他一定是对自己缺乏信心，反而，这只是他自我保护、寻求机会、等待进步的表现。低头并不意味着不把自己不当人看。低头不是流水，不应该越流越低。低头好比一支曲子，如果越唱越低，就会唱不下去。

为人处世真正的法则在于能够摆正自己的位置，如果我们是富兰克林，身居要职，就要学会在心理上低头，看看我们下面的人都在做些什么，用关怀去体恤他们。“低头处世，昂首做人”的道理，是我们生活中的必胜法则。

真正的合作建立在尊重与互惠上

合作双方的信任是相互的，只有信任他人才能换来他人的信任，不信任只能导致不被信任。那么，就是说，真正的合作建立在尊重和互惠的基础上。首先，我们要明白，什么是“尊重”。尊重对方的表现有很多。第一要在心理上尊重别人。人的地位虽有高低之分，但人格上却并无贵贱之别。因此在与别人交际、寻求合作的时候，我们要在心理上有尊重别人的想法，才可能做出尊重别人的行动。第二要在态度上尊重别人。在交际过程中要谦虚待人，礼貌待人，注意倾听别人的谈话。在讨论时，对对方提出的要求和方案预设，要实事求是、对事不对人的评论，这也是尊重别人的表现。第三要在礼仪上尊重别人。在社交场合，男方将女方的手捏得太紧，时间过长，是对女方的不尊重。参加朋友的宴会而蓬头垢面，不修边幅，是对朋友和宴会不尊重的表现，会让朋友反感，甚至疏远自己。站着与别人交谈而脚不停地颤抖，会使人产生对彼此谈话不耐烦的联想。与上司、长辈或新朋友坐着交谈时不要求正襟危坐，但是也不能跷“二郎腿”，甚至上下摆动。因为这也是一种外在的傲慢，是不尊重对方的表现。

其次，什么是“互惠”？互惠，就是处理事情公平合理，不偏袒任何一个人，也不偏袒任何一方，对参与合作的每一个人，都分配出其个人应承担的责任，并保证每一个参与者都可以得到自己应得的利益。这种以公平为基础的合作，能使人们各自的积极性和创造性得到应有的发挥。商场合作上，经常都会以“互惠心理”来促成一致，比方说，合作一方得到了另一方的恩惠，就会产生做点什么来回报对方的心理。好比生活中，一个人帮了我们的忙，我们也会帮他的忙，或者送他礼品、请他吃饭以示回报。如果你想从某人那里得到回报，不妨先付出，让对方产生互惠心理，不得不有所行动。俗话说：“吃人家的嘴短、拿人家的手软。”一个人，一旦接受了别人的好处，占了别人的便宜，再面对别人的请求，就不好拒绝了。所以如果我们有求于人，不妨先给对方好处，让对方先占你的便宜，欠你的人情，然后再提出请求。

给予别人高度的重视

美国人际关系学者莱恩博士在他所著的《精神领域》一书中有这样两段话：一是，“别人的想法和我的想法是一样的。你认为他很重要，他也会认为自己很重要。我们对他人的感情和看法，往往会被他人看得很重。我们所接受的人是有自我调节能力和自我决定能力的肉体组织，不是机器人或机器，因此我们的人际关系也绝不能是冷酷无情和利己的。”二是，“从另一方面来说，人类的精神生活有其特殊的本质，单独一个人无法处理时间和空间，也不能认识人的潜在的能动的本质。个人总是希望得到关心和器重。每个人的思想和行为也是朝着这个方面努力的。我们要互相关心、理解，并努力去改善相互之间的关系。这里不厌其烦地谈论这个问题，其原因，读者自能体会。”

在这个世界上，人们之间的依存关系是不能忽略的，并且，再也没有什么比人更重要、更值得尊崇的了。所以，在人际交往中，我们要时刻把别人的重要性牢记在心。如果你能时时记住别人的重要性，即使你不去刻意地讨他人欢心，别人也会渐渐地喜欢你，这是使你获得良好人际关系的基础。相反，如果没有需要给予别人重视的这个心态，即使我们再拼命有意地讨好、奉承别人也是没用。

20世纪90年代，曾经有个妇女致电可口可乐公司，说自己在可口可乐瓶子中发现了一枚别针。当时可乐公司高层马上成立专案小组，到妇女居住点附近的生产工厂巡视，却发现生产工厂一丝不苟，根本没有在瓶中落下别针的可能性。但是高层还是决定高度重视妇女的“不可能的投诉”，亲自到妇女家向妇女道歉，送上一万元美金的精神补偿费，并且诚意要求专车接送，希望妇女到生产工厂进行考察，以保安心。在高层的诚意打动下，妇女去了可口可乐公司的生产工厂考察，结果大为满意，最后，妇女非常诚恳地接受了公司的道歉，并且继续光顾信赖可口可乐。

这次别针事件的完美解决，主要是由于公司高层对妇女反应意见的高度重视。因为，每个人都会自然而然地希望自己和自己的意见得到别人的接纳，起码不被别人所忽略和无视，哪怕只是一个很小的意见和感受，如果对方对自己的感受无动于衷，这无疑是对当事人的一个大打击。

设身处地为别人思考，是一种心理服从

美国直销皇后玫琳凯有一次参加了一堂销售课程，给她讲课的是一位很权威的销售经理，会后，玫琳凯排了一个多小时的队，只是为了想和经理握手。好不容易轮到玫琳凯和经理面对面交谈了，但那个著名的销售经理竟然没有正眼看玫琳凯，只是一味朝她的肩膀处看去，一心看

看队伍还有多长，全然没有察觉自己正在和别人握手交谈。这样的经历让玫琳凯备受打击，也得到了启发。此后，玫琳凯在自己产品的宣讲会、公开演讲等场合，形容自己的心情，就是：每当看到很长的人龙，她都会觉得累，但是一旦觉得累了，便回想起当年的情境，想到自己不能和那个经理一样，让等待自己的人失望，于是她便会打起精神，全力以赴。

换位思考是设身处地为他人着想，即想别人所想、理解至上的一种处理人际关系的思考方式。人与人之间要互相理解、信任，并且要学会换位思考，这是人与人之间交往的基础。无论生活中，还是工作上，都要学会互相宽容、理解，多去站在别人的角度上思考。同时，换位思考是人对人的一种心理体验过程。将心比心，设身处地，是达成理解必不可少的心理机制。从客观上来说，它要求我们把自己的内心世界，比如自己的情感体验和思维方式等。跟对方联系起来，换位思考，从而与对方在情感上得到沟通，为增进理解奠定基础。简单来说，所谓的设身处地，就是“如果我是他，现在站在他的位置，我该怎么做呢?”站在对方的立场考虑问题，你就会发现，你已经变成了他肚子里的蛔虫，他在想什么，他讨厌什么，你都会知道。在各种交往中，你都可以从容应对，要么伸出理解的援手，要么防范对方的恶招。对于围棋高手来讲：对方好点就是我方好点，一旦知道对方出什么招，大概就胜券在握了。所以，设身处地、换位思考地为别人着想，无疑能帮助我们化解交际过程中所遇到的冲突，能够放下自己主观意识去体谅和理解别人，才能使沟通双方达成真正的沟通。

值得一提的是，设身处地、换位思考只宜律己，不宜律他。也就是说，如果是作为要求的一方，我们应该考虑对方被要求的心态和情境，而不能单纯地认为对方应该站在我们的角度上，乐于接受我们的要求。

同样，如果我们作为被要求的一方，应该设身处地地想想到底为何对方会提出这样的要求，而不是总是抱着期望，期望对方能够设身处地地为自己着想，放弃原本的要求。

利用“留面子效应”指引别人的顺从性

“留面子效应”也称互惠让步技术，是社会心理学上的一个概念，是指要求者在使用这个技术时，先在开始提出一个几乎总是会被拒绝的极端要求，接着退回到一个更加温和的要求，这个要求是要求者从一开始就预先设计的。通过这种从极端要求到温和请求的程序，可以激发被要求对象做出一个互惠的让步，从最初的较大的要求的拒绝转移到接受较小的要求。这里就是利用人们通常的一个心理，在拒绝了一个较大的要求之后，会通过接受一个较小的要求来作为拒绝的补偿，以让别人感到没有被完全拒绝。

下面是一个利用留面子效应进行市场开拓的案例。一家工厂原来是广东某地的服装生产企业，后来自己创立了一个品牌，准备打开内地市场，奈何产品推出后经销商反应平淡，产品积压。后来一个员工出了个主意：趁当地举办一场全国性服装展览会的时机，邀请了全国一百多家经销商来参展，所有的路费住宿等费用全包。果然，客商纷至沓来。

客户到后，先安排他们参观展览会，然后用两天时间游玩当地的风景名胜。到第四天，把他们集中到厂里召开一个内部交流会。会上服装厂老总提了一个要求：请大家协助我们在当地开一家品牌的专卖店，并把开店的费用逐项列了出来，大概要十几万元。这下所有的客商都不敢吭声了。服装厂老总见时机已到，马上按计划提出第二个条件：如果大家觉得开专卖店有困难，那就下一步再说，但现在还是先请大家带点货回去试销一下，如果销量好，大家对我们的品牌有信心，我们再谈专卖店的事。在经销商当中早已经安排好的托儿马上表态支持老总的决定，要求订货。这下就把现场气氛带动起来了，众人纷纷响应，一百多万元的服装很快就定完了。这个例子运用的就是给面子效应，开专卖店只不过是个幌子，老总知道没有人会冒险投十几万元，所以他随后又把要求降低以给客商一个台阶下。留面子效应在商店销售中也很常见，当一个顾客走进商店，热情的服务员很周到，那个顾客本不想买，但感动于他的热诚，最后还是随便挑了一件价值可能不高的商品。

低调做人，是服从的表现

《道德经》中称："以其不争，故天下莫能与之争。"不争，并非是一种消极逃避，百事退让的行为；而是一种低调的"争"，是一种"善胜"的"争"，是"天下莫能与之争"的符合天道的"争"。低调是谦卑，学会在适当的时候保持适当的低姿态，绝不是懦弱的表现，而是一种智慧。更加不是低人一等，不是一味的忍让，是一种以退为进的攻伐之术，是一种不争而获的谋略。

首先，在处世姿态上要低调。凡事要平和待人留余地，用平和的心态去对待任何人和事，时机未成熟时，要学会忍耐，懂得分清轻重缓急，大小远近，该舍的就得忍痛割爱，该忍的就得忍，从长计议，从而实现理想，成就大事，创建大业。羽翼未丰时，要懂得让步，低调做人，往往是赢取对手怜惜、不断走向自身强大、为自己争取伸展势力空间，最后反过来使对手屈服的一条有用的妙计。

其次，在心态上要真正地低调。在功成名就时更要保持平常心，以一种责任感，一种办事气魄，一种精益求精的风格和一种执著追求的精神，完成好手头上巨细无遗的所有任务，不论是多细小的事、单调的事，也要表现自己的最高水平，体现自己的最好风格，这才是心态上低调、做事上高调的最好表现。最后，在言辞上要低调、低调、再低调。永远不要揭别人的伤疤，戳别人的痛处，不能拿朋友的缺点开玩笑。不要以为你很熟悉对方，就随意取笑对方的缺点，揭人伤疤，那样就会伤及对方的人格、尊严，违背开玩笑的初衷。说话时，更加要放低姿态，面对别人的赞许恭贺，应谦和有礼、虚心，这样才能显示出自己的君子风度，淡化别人对你的嫉妒心理，维持和谐良好的人际关系。同时，说话时切忌不可伤害他人自尊。

在当今社会与人相处的过程中，凡事处理得稍有不当，就会招致很多麻烦，轻则工作生活不愉快，重则影响职业生涯、家庭幸福。因此无论做人还是做事关键在于把握好度，说白了就是一句话，做人要低调，做事要中庸。遇事遇人，都要从实际出发，从自己所处的境地出发，从日常生活的琐事出发，实事求是，并见机行事。

把功劳留给大家分享

所谓树大招风，在这个竞争激烈的社会，没有一个上司喜欢自己的下属锋芒毕露，甚至功高盖主。所以，当个安稳的服从者，就必须戒除居功自傲的非分之想。这样才能在合作的机制下，寻求良好的生存环境。

清朝的年羹尧便是一个活生生的例子。他早期仕途一帆风顺，入朝当官，升官非常快，不到十年已经成为朝廷重臣。但是，他在平定西藏乱事的过程中表现非凡，甚至呼声很高，有点喧宾夺主。本来，以他和雍正皇帝的关系，他还是可以平步青云的。但是随着他个人的功绩越来越多，开始变得目中无人，一次他回京的路上，京城内的王公大臣纷纷迎接他，可是他却对那些人视而不见，不屑一顾，引发群臣众议。此后他对雍正皇帝也开始不恭敬，在军中接到雍正的诏令，没有摆上香案跪下接令，只是随便接接圣旨就算了。这使雍正非常生气，渐渐开始对他暗中谋算。

最终，年羹尧在雍正的谕令下被迫自杀。

其实，功劳是让出来的，尤其在中国，一要讲君臣之道，主次有别；二要讲集体主义。从主次有别的角度上讲，作为下级，我们要多尊重上级的面子和尊严，不要过分强调自身的能力和实干，要学会将功劳让给带领我们的上司，这样是生存下去，不被打压，望得有朝一日能成为领导者，接受下级功劳的首要条件。其次，从集体主义的角度上讲，中国素来讲究儒家思想，讲的是我们不要过分强调个人，而要多强调集体协作，尤其在这个团队合作精神如此重要的年头。当一个广告文案被客户接纳和赞扬的时候，你要学会说这不是你一个人的功劳，而是公司团队合作出来的功劳。让功劳给大家分享，这样才能更好地在办公室生存下来，和谐同事之间的关系，也处理好和上司争功的嫌疑。

适度进取，不要永远低头

虽然低头是低调的表现，但是人总有昂首的一天，哪怕是服从，根据不同的情况，也总有适度进取的机会。那么我们该如何适度进取呢？首先，我们要打造自身的差异性。任何性质的单位都需要有工作能力、创造业绩、懂得与人相处的员工，因为所有的单位都有明确的职责，所有的领导都有考核指标，即使公务员也有任务要求，有严格的考核体系，只有拥有优秀的员工，才能出现优秀的组织机构。因此，我们首先要明确自己的优势，树立自己和别人不同的差异性，打造自己的含金量和不可取代性。然后，要营造和谐的人际环境。

一般情况下，现在职场上的人际环境由上级、同级、下级、关联部门、客户关系等几个部分组成，在职场上首先要表现出合群性，学会跟随主流思想，不能个性张扬、独树一帜。真诚待人，保持中立立场，不介入任何团派，尤其不能锋芒毕露、居功自傲，要恭俭尽职，不争权夺势。不要在公开场合谈论个人私事，在职场中每个人都是竞争对手，不可轻易地深度交心，尤其是个人隐秘是不可泄露的。

同时，还要与我们上司保持一定的距离，职场不是家庭，上司不会因私交和同情降低对你的工作要求，反而可能因为你和上司套近乎而成为同事们的众矢之的。一位极了解你的上司不会给你带来任何真正的益处，除了对你绝对的控制。最后要做一个忠诚度高的职场工作者。对老板忠诚是必须的，所有的老板都非常看重这点，哪怕是多随便、多随和、多无所谓的老板，其内心深处也很在意员工对自己的忠诚度。表现忠诚的关键是做好每件事，站在领导的角度替他去想。领导需要业绩，团队的成绩就是他的需要。甜言蜜语、溜须拍马没有用，实实在在的支持才能打动他的心。

但同时也要掌握适当的度，愚忠反而有副作用，一是老板会看扁你，把你当成他的奴仆一样呼来喝去；二是同事们讨厌你有拍马屁之嫌。一旦老板失势，你的事业也将随之完结。因此，凡事不卑不亢，坚持实力至上，有尊严地工作，是最适当的尺度。

同时，我们惊人的忍耐力也是忠诚不可或缺的组成元素。一旦认定了事业的发展方向、选择跟随这位老板，那么想想他的压力和难处，想想自己哪里做得不够，学会对环境和遭遇忍耐，不要一味想着自身的委屈。因为，上级也有上级的委屈，世界不存在完全自由自在不受拘束的人，你目前所受的委屈，上级也许正以另一种形式的压力承受着，因此，要学会忍耐。

第十二章
你的行为也有“惯性”：习惯信号

每当落座时都整理仪容：自我感觉良好

在落座的时候会自觉地整理自己仪容仪表的人，是一个自我感觉良好的人。这种人对自己的形象是很注重的，因为他们觉得良好的仪容仪表可以为自己的整体形象加分，锦上添花。我们经常看见一位气质优雅的女性在出席宴会时，当她坐下之前会整理一下自己的裙摆或者是衣角，坐下之后还会整理一下自己的头发，放好随身带的包等，以展示自己最佳的形象。

有时候做出这个动作的人都不觉得自己是自我感觉良好，觉得这只是自己一贯的动作而已，从这样的信息中也传达出了这样一个信号，当一个人自我感觉良好的时候都是觉得理所当然的，并不是刻意去完成这些动作。

谈论陷入僵局时玩弄手指代表紧张

警方在审问犯人的时候除了在对话中取得有效证据，一些微行为也是警察破案的线索之一，主要是看这个人有没有说出实情。眼神、手部动作、腿部动作都是不可以放过的细节。我们在一些警匪片中经常可以看见这样的情节：警察与嫌疑犯录口供，但双方的对话陷入僵局，而嫌疑犯没有回答警方的提问或者只是简单地回答，嫌疑犯展现出若有所思的表情，不断地玩弄自己的手指。这种情况基本可以判断出，嫌疑犯很紧张，有压力，并且感觉到没有安全感，通过不断地玩弄手指给自己心理暗示，提示自己要淡定和从容，安慰自己目前的状况是可控的，没有那么糟糕，不需要紧张。

这种可以归结为将紧张的情绪转移，这种转移可以是转移到话语中，转移到眼神中，或者转移到手部、腿部的活动中。很容易地作出判断，嫌疑犯当不想表达实情的时候肯定不会将这种紧张转移到话语、表情上了；对于他来说，最安全的办法就是转移到那些看起来不太明显的行为中了。

列席会议时抬头倾听：认真顺从的人

开会是每个人都会遇到的，从开会的就座位置到表情神态，都透露着一个人的性格与态度。在一场会议中，假设你是主持者或者领导，就下个月的销售策略提出建议与要求。列席的有的是埋头苦记，有的是眼神呆滞地望着某处，而有另外一个一直抬着头望着你认真地倾听，你会觉得这个人是最容易掌控的人，他在传达的是愿意顺从你的信息。行为学家对列席人员的举止形态的研究也表明，参加会议时会抬头倾听的人是顺从的人。他们觉得开会是展现自己的一个机会，也许有的领导平时很少有机会可以见到，而开会时抬着头倾听领导讲话，可以向领导表达自己的忠诚与服从，而这样，可以直接影响自己的职场竞争力。如果是同级开会的也是如此，抬头倾听别人说话的人在同事中人缘是比较好的，不会与同事针锋相对，有分歧时多数也是会服从别人的意见。这类人觉得不表态，或者是跟着会议领导/讲话者的态度是比较稳妥的明哲保身法。表态时他会先看脸色，别人表示满意的就跟着夸赞几句，别人对讨论的话题有疑惑的，他就跟着摇头，所以久而久之形成的风格，就是抬头认真倾听每一个说话的人，并且总是说："没问题，我没意见。"

站立时，靠在门廊上的人自我评价很高并且野心勃勃

我们从小就被长辈们灌输了这样一个概念，人要"坐有坐相，站有站相"。当然，这个"相"是怎样的，每个人都有着自己独特的理解，而在现实中，大多数人的"站相"也是形态各异的，这些各异的姿势可以让我们从中一窥对方的心理奥秘。

当一个人喜欢靠着门廊而站的话，他是一个自我感觉很好的人，并有着坚强的毅力和强大的野心。这样的人多为领导型的人物，他们宁愿用一个硬物来给自己当支撑都不愿意靠着别人或者坐下来，证明他是一个可以统揽全局，并且给别人派发任务和指令的人。这种情况也可以出现在女人身上，这样的女人多是一个雷厉风行的女强人，是一个可以长期孤军奋战的人，她对自己的事业也是充满着信心和规划，做好了挺身而出的准备，并且给人一种豁达乐观、气宇轩昂、高瞻远瞩的感觉。

用点头的方式鼓励对方深入思考

我们时常会在一些访谈类节目中看到这样的情景，主持人通常都会用唯唯诺诺的应答方式来诱导被访者继续顺着话题滔滔不绝地说下去。最简单的回答方式就是：“嗯！说的没错！……”

从这个角度说，一个成功的访问者懂得如何引导被访者回答问题，并能够让他关不住话匣子继续讲下去。

一般访问者除了通过语言来回答问题，还会用身体语言加以补充，多数时候就是用“点头”。两者加起来的作用是对被访者有一个增强信心的作用，而被访者接收到了这样的信息之后也会提高自己的思考和进取心，这时就会讲出更多的话，话匣子就关不了了。

去应聘单位面试的情景，我们大多数人都不会忘记。我们最关注的也是主考官的表情了，当主考官频频点头示意时，作为应征者就会信心大增，自己觉得面试成功的机会也更大。原因是什么呢？因为主考官做出点头的动作表示“我正在听你说话”或“请继续说”的意思，这种信号一旦传递给应征者，应征者就会觉得“对方已能明白我的话了”或“对方接受我的说法了”，因此内心会很大程度受到鼓励或欣赏，从而滔滔不绝地说下去了；当我们看见主考官极少点头的情形时，应征者就会觉得有点失落，感觉自己面试“没戏”了，因为觉得自己无论说什么都不会引起主考官的注意和兴趣，对谈话感到索然无味，也不愿继续说下去，最后会出现相对无语的情形。

歪着脑袋倾听表示聚精会神

有的人在倾听的时候脑袋永远放不正，肯定要歪着脑袋听才觉得舒服。其实这是一种聚精会神倾听的姿态的表现，听得特别入神。这种情况经常出现在听先进事迹报告的现场里，当英雄人物在汇报事迹的时候，说到激动人心的部分，人们就会听得入神，会情不自禁地歪着脑袋，并时不时带有点头的动作。

这种歪着脑袋倾听表示集中精神的情况不仅仅出现在人类身上，其他动物在精神集中的时候也会有相同的表现。

就比如一只三个月的小狗每当看到或听到那些可以吸引它注意力的新鲜的事情（如看见新的狗屋、第一次见到其他动物）的时候，它的头就会不自觉地歪向一边，这个时候就表示它对某种事物产生了极大的兴趣，正集中精神欣赏着、关注着。

眉毛的“动作”所透露的心理信号

当你想起眉毛的作用，第一个会想起什么？过去的人认为眉毛的主要功用只是防止流下的雨水和汗水滴到眼睛里面去，其实这只是眉毛最基本的生理功能而已。眉毛在人的脸部是一个很神奇的部位，看起来它就是定在那里，其实它的“动作”是很多的。它对于我们表情有一个辅助的作用，那就是可以更加充分地展现人内心深处的情绪变化，传递人内心的真实想法。

所以，每当我们的情绪发生改变，眉毛的形状也会随之发生改变，这种变化我们也称为“眉毛的动作”。眉毛的动作所传达的信号内容是各异的，我们简单介绍几种重要的信号。

（一）低眉

这种眉形是一种带有防护性的动作，想表达的意思就是要保护眼睛免遭外界的伤害。这种情况一般会发生在当人们感觉到正受到侵略的时候。

（二）皱眉

皱眉可以表达的情绪有很多，包括惊奇、诧异、错愕、快乐、否定、怀疑、傲慢、无知、希望、疑惑、不了解、恐惧和愤怒等。

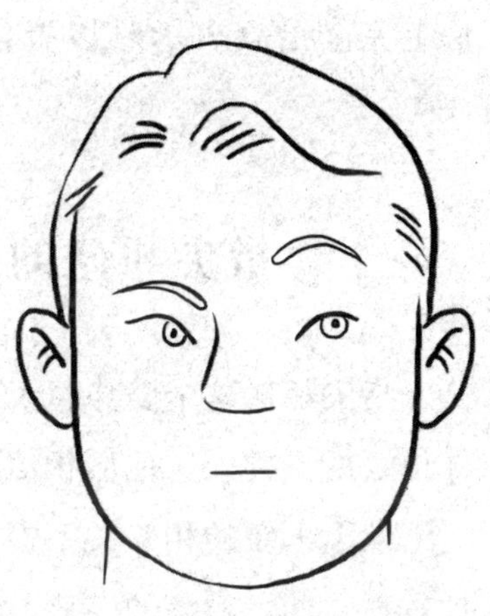
眉毛斜挑的人，表示在怀疑对方

很多人对皱眉的第一印象就是凶猛。其实不是的，当一个人皱眉的时候表示他第一感觉就是要自卫，而真正凶猛、带有侵略性的脸是一张无所畏惧的脸，他们会表现出瞪眼直视、毫不皱缩的眉；而一个眉头深皱的人，通常都是忧郁的，他们内心的想法是想逃离目前的生活境遇，但又因为某些原因无法逃离；一个在大笑的时候同时皱眉的人，则表示这个人的内心有着轻微的惊恐和焦虑，他们想通过笑来掩饰自己的行动，但无论对着什么笑他的内心都是有困扰的，因为他很想退缩。

（三）眉毛一条降低、一条上扬

当眉毛两边的形态不一样，一条降低而另一条上扬时，就表达着这个人一边脸显得激越、另一边脸显得很恐惧。当一个人的眉毛斜挑时，这时他肯定是一个怀疑的状态，那条扬起的眉毛就代表一个问号。

（四）打结的眉毛

什么是打结的眉毛呢？一般是指两条眉毛同时处于上扬的状态，并相互趋近。这种眉形想传达的就是这个人有着严重的忧郁，而且目前的烦恼让他觉得无所适从。一些有慢性疼痛的人就会经常表现出这样的眉形。但急性剧痛的人表现的眉形却不是这样，他们表现出来的是低眉而面孔扭曲的反应。

此外，闪动的眉毛代表友善，双眉上扬表示非常欣赏或极度惊讶，眉毛完全抬高表示难以置信，眉头紧锁表示内心深处忧虑或犹豫不决等。

指尖相碰的姿势所透露的心理信号

指尖相碰这个姿势属于自信、有优势感，驾驭能力强，很少使用身体语言的一类人。他们相信这个姿势是表达自己自信的最好方式。

从上下级的相互关系中，我们都可以观察到这个有趣的姿势。它是比较孤立的、简练的姿势，表达一种对局势与环境的把握，自信而且无所不知。领导给下属下达任务时，经理给部下发号施令时，这个姿势很常见。而在一些职业比如会计师、律师、经理之类的人群中尤为常见。

指尖相碰可分为两类：高举姿势和放低姿势。谈话总结和发表意见时通常采取的是高举姿势。而倾听讲话或命令时自然采取放低姿势。尼伦伯格和卡列罗指出，女性一般都采取放低姿势。如果是头往后仰，采取高举姿势时则显示出一种洋洋得意或骄傲自满的样子。

虽然指尖相碰的姿势被认为是传达积极信号的姿势，但它如果与其他姿势一起结合的话既可以用于积极的方面，也可能用于消极的方面，甚至可能造成误解。例如，推销员向顾客推销产品时，竞选者在演讲时，都可能做出一系列积极的姿势，包括：手掌张开、身体微倾向前、抬头等等。但是推销结束时或演讲结束时，顾客或听众可能采取一种指尖相碰的姿势。

这个时候他们指尖相碰的姿势前有其他的一些积极的姿势，则说明推销员成功地出售了产品也解决了顾客的问题，获得订单；或者是竞选者成功地赢得选民的信任获得职位。另一种情况，如果在指尖相碰前有一些消极的带拒绝态度的姿势（如双臂交叉、双腿交叉、目光转向别处以及许多手碰脸的动作），那就相反的，这位顾客认为产品并不符合他的内心期望与现实需求，销售员没有解决他的问题；或者是竞选者没有成功地在选民中赢得支持。虽然这两种情况下，指尖相碰的姿势都意味着信心。但对推销员或竞选者来说，一个是积极的，一个是消极的。对方在指尖相碰以前的动作是最关键的线索，决定着最后的结果。

搓手的心理信号

我们都习惯搓手，这是传达内心有期待、表达美好愿景的信号。

很多场合我们都可以看到这个身体语言。从谈判到会面，到日常生活，这个动作几乎是最常见的。比如与客户的会面，主题是讨论即将到来的节日促销的细节，在会面接近尾声的时候，如果客人突然很放松地靠在椅背上，大笑着搓着双手大声喊：“方案差不多够好了。”

这样的表现则意味着她用自己的身体语言告诉大家：她期望这次的促销可以大获全胜。

玩扑克或者赌博的人掷骰子前会用手掌搓骰子，表达希望成为赢家的欲望。

或者我们会看到手舞足蹈的推销员跑进销售经理的办公室，搓着手掌说：“老板，接下了一笔大单子了！”

主持人会一边搓手掌一边对听众说：“有请我们下一位发言人进行

精彩演说。”

当一个人跟你说话时急速地搓动手掌，他想跟你说，他可以满足你所期待的结果。比如你打算买房子，房产经纪人听到你的描述后可能会急速地搓着手掌说：“我恰好有一处房产符合你的条件。”经纪人言下之意就是他期望你满意这个结果。但是，如果他慢条斯理地搓着手，对你说，他有一处理想的房产，表明他可能会占你便宜。于是，推销人员不成文的习惯就是，如果向潜在客户推销时，一定要使用急速的搓手掌姿势，以免顾客产生怀疑。相反地，如果是顾客搓着手掌，对推销员说：“让我看看你们能够提供些什么?”这表示顾客希望你有他需要的好东西。

生活中最常见的是在公交车站，一个人急速地搓着手掌，那是因为他等车，手冷。

还有一个经典的动作，表示希望得到钱，那就是搓拇指指尖或者搓拇指和食指，比如推销员常常搓着拇指指尖，对顾客说：“我可以给你打五折。”有人搓着拇指和食指对他的朋友说：“借给我点钱吧。”所以一个业务人员在与客户交谈时，不应该有这样的姿势。

控制性和屈从性的握手

在正式场合里首次见面时，我们都会用握手来开始与对方的关系。握手时手掌向上和手掌向下这两种姿势有截然不同的含义。这种握手也表达了三种基本态度。有控制性的握手：“这个人企图控制我，我要小心点。”有屈从性的握手：“我能够控制这个人，他会听我的话。”还有属于平等的握手：“我对这个人有好感，我们会愉快地相处。”

握手时手掌向下，翻转手，表示控制性。手掌向下握对方的手掌是表示你是这次会面的控制者。行为学家在研究了50多个成功的高级经理的行为后表明，他们在商务会面中都是主动地握手，而且还使用了控制性的握手方法。

握手时手掌向上是想跟对方表达你愿意被他控制，这种握手能在见面时传递出自己愿意作为弱势的一方的信息。不过，有时手掌向上并非是顺从，而是有其他原因。比如身体原因，手部患关节炎的人手无力，不得不手掌呈顺从姿势跟你握手。比如职业原因，外科医生、手模特、画家和音乐家等职业的人是靠手工作的，所以为了保护手，在握手时不会用力。

握手的姿势可以给你一些线索，帮助你对握手的人做出一些估计：顺从的人使用顺从的姿势，霸道的人使用咄咄逼人的姿势。

“争夺战”经常会出现在两个不肯退让的人身上，但并没有正面对恃，行为也只是象征性的，他们都想让对方的手掌采取顺从的姿势。可以想象这种较量会让两个手掌都呈垂直姿势，而双方试图营造一个尊敬和融洽的感觉，结果就形成老虎钳似的握手。当父亲给孩子演示“男子汉的握手”时，我们往往就会看到这种互相钳着的握手姿势。

双方所传达的态度与握手姿势一样是可以变通的。如果你拒绝对方给的定位，想要有所改变，可以尝试改变姿势。当对方给你一个控制性的握手时，你不能靠逼迫对方改变手掌的姿势来改变自己愿意承担的角色，这样会适得其反。有一个简单的办法可能解除对方的“武装”。那就是握手时，左脚向前迈出一步，从对方的右前方进入他的“个人地盘”。现在，你把左腿拉向右腿，完成迂回动作，然后握对方的手，这样他的手就被迫呈顺从姿势了，让你进入对方“个人地盘”，掌握控制权。

商务强势握手被称为是20世纪80年代出现的最伟大最有代表性

的强势姿势。有个说法是人们若将手放在一起然后高高地举起，可以显示出更强的力量。最原始的概念是在握手时要将手拧一下，或者尽量呈水平地伸出手且掌心朝下，从而迫使你的对手进入弱势的位置。据说这种握手的方式一跃成为主流，被迅速广泛传播然后流传至今。后来比较流行的握手是指你非常用力地握住别人的手，用力到让他人感到痛苦，就像骨头要被捏碎一样。我们常在电视上看到这样的镜头，两个在商场上暗自较量的对手，在社交场合需要握手的时候，都会使暗力想碾碎对方双手，可是又面带笑容。这种方式也是展示力量和身份地位的象征。但是很多有幸跟一些有名望的人握手的人都有不一样的体会，这些名门望族中没有一个会通过握碎别人的手来证明他们的权利和地位。

从穿鞋习惯看女人的心理性格

有这么一句话，要想看出一个女人的生活品味，第一步就是要看她的鞋子。从这句话中我们就可以看出鞋子已经不是单纯用来保护足部了，它还可以诉说出一个人的性格及心事。

1. 喜欢穿凉鞋的女人

当一个女人喜欢穿凉鞋时，证明她对自己是十分有自信的，她喜欢将自己最美丽的一面展现给大家看，因为凉鞋肯定会露出脚趾，至少是要对自己腿部很有自信的人才会选择凉鞋。这种人通常交际圈很广，而且人缘也不错，对异性也充满了兴趣。这种类型的女人通常会对自己的男朋友有很多要求，希望自己的男朋友可以和自己有一致的看法，她个性比较固执，别人不太容易说服她。如果要选择这种女人当对象的话，那就要有耐心了。

2. 喜欢穿高跟鞋的女人

这种类型的女人比较喜欢思考，是一个智慧型的女人，她的个性成熟大方，对待工作和生活都是兢兢业业、相当尽责的。因为她要想的问题很多，所以对待周围的人、事物也会有比较高的要求，如果周围的人、事物无法满足她的要求时，她的脾气就会变得比较暴躁。所以她选择男朋友时会喜欢坦诚相对的人，并且要大方地对她好、关心她，当她觉得你是一个值得交往的对象时，她会很好地对待你，不会摆架子、故意刁难。

3. 喜欢穿运动及休闲鞋的女人

这种类型的女人表面上看来很容易相处，实际上她是一个戒备心很强的人，她非常会保护自己。看起来好像很容易和男生打成一片，而实际上她只是把这些男生都当成普通的好友一般，反倒是对于心里喜欢的那个他，她会选择保持一定的距离，敬而远之。如果不是她的闺蜜的话，很难看出她的内心想法，因为她时刻在保护自己，其实她的内心有着非常脆弱的情感。

4. 喜欢穿学生样式、造型简单鞋子的女人

这种类型的女人个性是单纯敏感的，因为她有着严谨的家庭教育，所以经常压抑自己的情感。因为这种类型的女人从小就被爸妈管得很严，学校、工作场所风气较为保守，她们自然就有着内敛的言行举止，但她们内心是澎湃的，总是希望自己有一些经历，这种女人要谨防单独行动时受骗。

5. 喜欢穿短筒靴子或长筒马靴的女人

这种类型的女人喜欢无拘无束的生活，个性独立，勇于表现自己。通常这种女人很有能力，外表也是很出众的，经常受到异性的青睐。尽管她看起来平易近人，但要成为她的另一半必须才华出众并且了解她的

个性，才有可能赢得她的芳心。

6. 喜欢穿厚底鞋、造型特殊鞋子的女人

这种类型的女人是一个追求流行、注意时尚的人，她喜欢成为大家的焦点。外表给人的感觉是大胆，但她的内心是相对内向保守的，因为她对自己的信心不是很足，想要通过大胆的打扮引起大家的注意。如果想要成为她的男朋友就必须多给予她鼓励和肯定，让她更加自信。

第十三章 服饰会“说话”：服饰信号

从服装颜色看个性心理

每个人喜欢的颜色都不同，为自己选择服装颜色时也会依据自己喜欢的颜色不同而有所偏好。而从人们这些对不同服饰颜色的偏好上面，也可以看出一个人的个性特点。

喜欢红色的人是热情奔放的人，他/她性格外向、活泼、感情丰富、精力充沛、凡事积极向上。他们说话和做事都很快，而且基本上都是不假思索的。他们喜欢跟别人争论，是行动派。一旦好奇心起来，不管花多少力气，不管付出什么代价，都会努力去满足自己的好奇心。这种人可以用自己的情绪去感染身边的朋友，是一个优秀的鼓动者。但是这种人也有一个明显的性格缺陷，就是没什么耐心，一旦遇到什么事情不合自己的意，马上就会火冒三丈。不过因为他们天性比较乐观，生气也不会持续很久，很快就能恢复平静。

喜欢黄色的人是单纯健康的人，他/她是一个乐天派，做事潇洒，不玩弄心机。黄色给人的感觉就是明亮、健康的。黄色代表丰收，而喜欢穿黄色衣服的人性格比较外向，做事比较洒脱，说话的时候也是心直口快，有什么说什么。这种人不会轻易放弃自己的目标，值得信赖。在和朋友聊天时，他们说得更多的是国家大事，反而对于与自己切身利益相关的薪水不太上心。在社交场合他们看起来比较活跃，但是这其中可能藏着深深的孤独。

喜欢绿色的人是成熟稳重的人，向往安稳、舒适的生活。他/她的性情是平和的，但对这个世界充满了希望和信心，就如绿叶一样，代表着春天和希望。绿色是春天万物复苏时候的颜色，充满了生机和活力，而那些喜欢穿绿色衣服的人也跟春天一样，阳光明媚，如同春风拂面。他们的性格比较外向，追求温馨和平静的生活，很少会有不安的时候。他们对任何事情都充满期待，希望任何事情都可以更加美好。他们也喜欢跟朋友们在一起享受那种温暖的感觉。在工作上，他们有着比较强的上进心，对自己满怀信心。但是由于他们不喜欢太露锋芒，所以虽然干劲十足，成果也不错，却很容易被上级忽视掉。

喜欢蓝色的人是严肃、谨慎的人，这样的人冷静，分析力强，蓝色本身就是一种容易让人遐想的色彩，而喜欢穿蓝色衣服的人一般都是心境比较开阔，处变不惊，经常把自己较为平稳的一面展现出来。同时，他们又非常负责，在接受工作之后会凭借自己那丰富的经验和敏锐的洞察力把事情做到极致。在跟朋友和同事相处的时候，他们经常扮演老好人的角色，一旦要有什么矛盾，他们也可以把矛盾化于无形。当然，也不能就此认定他们毫无血性，就连看似波澜不惊的大海都有发怒的时候，更何况是有血有肉的人呢！一旦把他们惹急了，他们就会采取非常漂亮的反击手法，让对手为之深深折服。这种人也有一个缺点，就是在交际能力上有所欠缺，这会影响他们获得更多的知心朋友。

喜欢紫色的人比较多愁善感，有点缺乏自信心，而且容易焦虑。紫色是寒色系，是一种有贵族意味的色彩，这种颜色也象征着权力。一般来说，喜欢紫色服装的人都有艺术家的品味和气质，他们比较聪明，感情也比较丰富，有着敏锐的洞察力，也可以很好地驾驭自己的感情，就算有什么烦恼和忧愁，他们也可以把它轻而易举地化解掉。他们为人做事都比较低调，觉得自己是个平凡的人，不喜欢在众人面前显露自己的个性。所以，这让他们在很多时候看起来有点“闷”，就算遇到了“贵人”也很可能与之擦肩而过。在个人感情方面，他们不太珍惜自己的感情，总觉得自己能够驾驭得了，所以有时会选择放纵。

喜欢灰色的人比较保守，心情比较压抑。他们不喜欢对别人展露自己的感情，而是喜欢把它隐藏起来，这样，别人就无法看出他们心里到底想的是什么。在和人们交往的时候，他们不会太过亲近，总会保持一些距离，所以不会太交心。

喜欢白色的人是一个单纯、有进取心的人，白色是所有颜色中最纯净的色，象征着朴素、纯真。喜欢这种颜色的人也像白纸一样纯净，不会有害人之心，做事比较坦荡。

喜欢黑色的人是一个压抑、消极的人，这种人行事小心，会把自己的真情实感隐藏在心里，但黑色也代表着高贵，可以将任何缺点隐藏起来。

褐色代表着安逸祥和，喜欢褐色的人是喜欢安静、容易满足的人，这样的人没有太多的野心，非常容易知足，所以也会常乐。

喜欢橙色的人比较开朗，活力十足，橙色是一个高亮度的颜色，象征着繁荣与骄傲，让人感到十分温暖。他们热爱大自然，喜欢运动。

喜欢咖啡色的人让人觉得稳定、安全，虽然这种颜色看着比较老气，但是让人觉得表里如一，很有权威，他们外表冷静，内心热情、脚踏实地，但是在情感的表达上多少让人感觉有点木讷。

喜欢茶色衣服的人虽然外表看起来没有什么过人之处，但是内在有着很好的潜质。这种人比较诚实，又有责任感，很容易被别人接受，不过有时候会给人一种不知变通的感觉。

粉色是红与白的结合，既有白的性格特点，又有红的性格特点，算得上是感性与理性相结合。一般来说喜欢粉色的人比较天真、单纯，想让自己呈现出年轻、有朝气的一面。

穿衣追求合体的人往往是智慧型

很多人虽然衣着华丽，但是十分不搭调，也许上身是名牌西装，下身就穿了一条短裤，也有的人虽然衣着上并没有什么过人之处，但是比较得体，让人看起来也比较舒服。平心而论，得体大方的穿着远比高档但不适合自己的穿着要好得多，从一个人的穿着打扮上，我们很容易就可以看出这个人的品位和性格。一个懂得合体穿着的人，肯定是一个思维方式敏捷、周详的人，他也是一个会冷静思考问题的人，所以当他在购买衣服的时候，会把衣服是否合身、是否能够表现出自己的气质等因素考虑进去。

其实这样的人是聪明人，他懂得运用服饰来给自己的形象加分，因为良好的形象是有利于工作的开展和人情交际的。比如工作时间你要穿职业装，但不同的职业对不同的职业装的定义也是不同的，所以在选择职业装的时候应该把自己从事的行业特点考虑进去，加以自己的搭配，才能给人一种大方高雅的感觉。

购买衣服先考虑价格的人比较经济

有的人最喜欢追逐时尚，有什么新品一上市就会马上把它买下，等着享受别人那艳羡的目光。也有的人虽然也比较喜欢那些新款式，却不急于买下，而是喜欢在专柜打折的时候去淘货，买那些性价比最高的东西。一般来说，选择衣服会把价格、性价比当作一个重要条件的人是一个“经济实惠”的人，这种人不会跟风潮流，也不大会买奢侈品，因为他们觉得生活应该选择性价比最高的东西，浮夸的生活一点都不“合算”。既然这件产品以后会打折，那就没有现在高价购入的必要。

从消费的角度讲，这样的人是理性的消费者，不会把自己的钱浪费在一些不太实际的消费上，这一点是值得肯定的，毕竟同样的东西，在打折的时候可能只需要花原价的一半甚至更低就可以买下，实在是很划算。但这样的人往往是比较抠门的，总是要货比三家、看了又看才决定，在一些情况下，在金钱上过分讲究也会让人觉得反感。

所以任何事情还是适度就好，买衣服的时候选择合适的服装最重要，也不要因为便宜就买一些自己平时用不上或者不适用的东西，这样更是一种浪费。

穿着朴素的人比较沉着

政府官员和银行职员等，也许是由于职业的关系，大部分都喜欢穿比较朴素的衣服。从表面上看起来，这种人比较朴实，大部分属于体制顺应型。虽然他们穿着朴素，却又不失豪华。

根据不同的穿衣风格与喜好，我们可以大概了解一个人的性格与行事方式。大多数情况下，习惯穿着简朴素雅的人，性格偏向于稳重、坦然、淡定、沉着。不会浮夸，不会冲动地追求一时意气，待人接物力求真诚热情。这种人会很踏实务实，愿意一步一个脚印地做好每一件事情，不浮躁，不急着邀功。无论是工作、学习还是生活，都是勤勤恳恳，谦虚好学。不仅如此，还能够理智客观地分析解决问题。但是如果朴素太过的话就容易缺乏主见，失去主观能动性，轻易屈服于别人。

如果一个人喜欢穿单色的衣服，或者爱用单色的物品，就说明他有很强的自我意识，性格也比较坚强，任何困难都不会放在心上。一旦遇到问题也不会慌乱，而是善于抓住重点，圆满完成各项任务。简言之，这种人在任何行业中都能成为佼佼者，出类拔萃。

例如，一个人经常穿灰色斜纹布衣服，这种衣服从外表看起来就像树木的剖面，是一种自然本色。这个人在穿着这种衣服的时候看起来就比较平静、随和，不会动机不纯，也不会野心勃勃。但是这也表明他并不是一个甘于平庸的人，而是有着深刻的意图和强烈的自信心。

因为这种颜色是本色的，它能说明这个人沉稳、独立、不虚荣的性格，让人觉得他非常质朴。有了这些特点的人就比较容易获得别人的信任，也会容易被重用，独掌大权。因为这种本色与色调鲜明的颜色不同，它可以起到掩饰作用，但是无法掩饰主人强大的内心欲望。

任何事物都有两面性，人也不例外，这种沉稳的人的缺点就是不善交际，没有更深层次的友情，他的成就，完全来自于自己的拼搏。

因为他一心忙于拼搏，对上流社会没什么兴趣，如果让他跟别人有相同的嗜好，他只会觉得会失去自我的本质。因此，这种人心中总是怀有这种不安的因素。如果这些人在工作、学习或者游玩中遇到了一些事情，不管这些事情有多么小，他都喜欢以自我为中心，不顾及别人的感受，最终总会招致别人的指责，虽然他可能是无心的。

从包内的摆放看人的性格

1. 包内的摆放杂乱无章

如果一个人在找提包内的东西时，需要把全部东西都倒出来才可以找到，那么我们可以判断出这个人的生活杂乱无章，这个人的做事原则是“无所谓，方便就好”。这类人的性格比较马虎，做事不够谨慎，目的也不够明确，但他们对人是亲切、热情的，很容易接触。

因为这种人生活态度比较随意，所以会导致自己在工作上陷入困境，如果领导对待工作是高度认真负责的，会觉得这种人不适合在自己的团队里面。

2. 包内摆放井然有序、层次分明

一个人的提包内的各种东西都被层次分明地摆放着，一旦要用到，马上可以找出来。证明这种人原则性很强，办事认真可靠，组织能力比较强，经常是活动的召集人。此外，他们还比较自信，因为对生活安排得井井有条，所以他们的生活看起来过得不错。但他们的缺点是太有条理性，导致看起来严肃、呆板，有时候会对生活中某些细节斤斤计较。

3. 习惯不带包

还有一种人是不带包出门的，这种人总的来讲责任心不是很强，因为他们觉得出门带包是一种负担，而他们又不喜欢负责任，所以不带包就是最好的选择。这种人的性格比较懒散，所以把工作交给这类人是比较不放心的。

手表识人

时间观念与性格有关，想了解一个人如何看待时间，我们可以观察其所选戴的手表。这两者关系密切。

有款新电子表，时间是否显示可以通过按键随意控制。戴此款手表的人比较出众。他们独立不受束缚，只做自己愿意做的事情。不轻易流露真实情感，不易接近。他们神秘并享受着别人给予的猜不透的眼光。

戴液晶显示手表的人生活节俭、精打细算。喜欢简捷，思想单纯，缺乏空间想象力，但待人接物非常真诚。

戴有闹钟功能手表的人基本都严于律己，平时神经紧绷，虽不是守旧派但却习惯按部就班，通过直接且计划性强的策略取得成功。他们有时会有意地培养自己的责任感，相当有担当，组织领导能力也较强。

戴多时区手表的人多带点不现实。空有聪明的想法却不会付诸实际。逃避责任，做事好高骛远而非持之以恒。

戴经典款式金表的多为注重长远利益的人，看中发展前途而非短期利益。他们会放眼全局，有智慧有高度地统筹规划，往往预见力强，有一定气度与忍耐力，蓄势待发。这种人重义气，重亲情，同甘共苦意志坚强，不轻易低头或者被打倒。

戴怀表的人时间观念较强，懂得安排掌控时间，工作休闲合理分配两不误。自制力适应力也很强，懂得调整自己的心态。喜欢怀旧与历史，言谈高雅，注重文化修养。这种人有浪漫情怀，会制造小惊喜，处世耐心重友情。

戴上发条的表的人较独立，自给自足，亲力亲为。追求快速见效的感觉，比如体力活。在意自己战胜某种挑战后的成就感，而且不需要别人过多的关心宠爱。

戴没有数字的表的人抽象化概念较强，表达上比较泛而广，看重观念。喜欢考验别人的智力，不想把事情说透彻。聪明睿智，喜欢益智游戏，不在乎实际事物。

戒指识人

作为饰物，戒指与主人性格有某种关联。

对于结婚戒指来说，越大越华丽代表的自我表现欲越强，但如果是紧套在手指上，表示他比较忠诚，反之亦然。

带家族标志的戒指强调的是对家庭的重视与归属感，表明身份，自己是这个家族的一分子。

刻上自己生辰的戒指则是希望吸引别人的关注，同时也关注别人并传递想了解对方的信息。

镶有钻石的戒指经常会被用来吸引别人的注意，佩戴的人常常带点骄傲自满，陶醉在自己的成就中沾沾自喜。

用宝石做装饰的戒指多代表外在的形象，空有外表却没有内涵。佩戴者多为冲动派，想象力丰富而不与实际相结合。

小巧的戒指多代表想象力与创造力。佩戴的人会天马行空地想些不切生活实际的东西，会迫切地跟别人分享自己的感受，生活乐观积极，懂得把握场合表现自己。

手工制作的戒指大多非常独特，代表复杂的工艺和独一无二的设计。钟情这种戒指的人自我表现欲望强烈，会花心思地表达自己，希望得到别人的关注和认可，成为全场的焦点。他们喜欢做别出心裁的事情来树立自己的风格和形象，并且对成事有十足的信心和把握。

至于没戴戒指的人，他们崇尚简单安静的生活，喜欢远离纷扰，生活比较随心随性，只有自然舒适才让他们觉得自由表达各种思绪的欲望得到满足。

从随身携带的笔一窥其心

出门带一支笔其实是一个好习惯，但出门带什么笔也可以看出一个人的性格。

1. 带自来水笔

这是一个传统的人，一个深藏不露的人，他看待任何事物都有自己的标准，也是一个会玩心计的人。

2. 带黑色圆珠笔

这是一个细心的人，他在工作上可以把各个细节都关照得很好，但有时候会因为过于细心将简单的问题复杂化。如果他身为一个下属，肯定会深得领导喜欢，因为他面面俱到，会留意到别人忽略的地方；如果他是一个领导，下属肯定会窃窃私语，因为这个领导有时候会因为想“细心”而多此一举。

3. 带廉价圆珠笔

这是一个实在的人，他讲究的是实用而不是外在的美丽。他认为生活应该过得实在，可以做想做的事情，不应该被任何条条框框束缚；他没有把得失看得很重，也没有为未来做一个大计划，只讲究活在当下。

4. 带支铅笔

这是一个相对孤僻的人，他不信任别人，交友不多，而且常常因为自己的孤僻失去朋友。

5. 带名贵笔

这是一个具有强烈虚荣心的人，也是一个严重自卑的人。他带名贵的笔只是想告诉别人，自己有钱、有社会地位。有时候他也不喜欢这支笔，只是大家都说这笔好而已。

从领带的颜色认识男人

西装配领带是最好的搭配，但每个人的偏好总是不同的，我们可以从男人的领带中看出他们的想法。

1. 绿色领带

绿色代表着生命和活力，喜欢绿色领带的男人代表他是积极向上的人，对事业也充满信心。

2. 深蓝色领带

这种人对待工作特别关注，事业心很重，但往往只是看中金钱，导致对于事业过于急功近利。

3. 彩色领带

彩色看起来是美好的，但又充满了诱惑和迷离，所以喜欢彩色领带的人往往会功利心较强，对很多事情不能从一而终，目标总是换了一个又一个。

4. 黑色领带

这是一个喜欢黑白分明的人，他们人生观和价值观都是明确的，对自己的追求也是明确的，不会因为诱惑而改变自己。

5. 红色领带

红色代表着热情奔放，积极主动，所以喜欢红色领带的人充满了热情，喜欢成为大家关注的焦点。

6. 黄色领带

黄色代表付出，这种人是勤劳的人，他会给自己设计理想的人生并付诸行动，这种人的性格温和，适合做朋友。

部位打扮反应心理

“部位打扮”，顾名思义，就是特别注重某个部位的打扮。人通常特别注重自己某个部位的打扮时就是要掩饰其他不自信的部位。比如有的女性对自己的外貌没有自信，就会特意穿上超短裙，让别人注意自己修长的腿部；有的人不满意自己的腿型，就可以化个浓妆，让别人的眼光只聚集在自己貌美的容颜上。其实这样的做法反而是对自己不自信的表现，这类人总是对自己不足的地方耿耿于怀，然后用各种方法试图去掩盖那些不足，反而给自己造成了严重的心理负担。

其实大可不必如此，最自信的人可以把自己的全部展示出来，因为人与人的相处不仅是看到对方的优点，更是包容彼此的不足。没有一个人是完美的，也许没有姣好的容颜，没有修长的腿，但有一颗真诚的心足矣。

穿着华丽的人虚荣心强

在现代社会，我们经常会在不同的场合，看到一些人穿着十分华丽的服装闪亮登场，很是吸引眼球。这个时候，就算他们外表没有表现出来，他们的内心也在为自己的表现而扬扬自得。别看他们掩饰得很好，其实，要探求他们内心的想法是十分容易的。

一般来说，喜欢穿这种华丽的衣服的人，虚荣心比较强，也有很强的自我表现欲，就是我们通常说的“爱显摆”，还会十分渴望金钱，是典型的物质崇拜者。这些人的自我表现欲是可以理解的，毕竟爱美之心人皆有之，我们无法批判一个人对美的追求。但是任何事情都有一个限度，穿衣服也不例外，如果穿衣服的华丽程度超过了一定的限度，就会成为撩人眼球的奇装异服，甚至成为跳梁小丑，让人贻笑大方。

另外，这种人除了自我表现欲强烈，还经常会有某种歇斯底里的性格。如果他正在得意扬扬的时候，发现有人比自己的衣服还要华丽，风头更劲，说不准就会爆发出来了。

第十四章 众口难调的美味：用餐信号

坚强的人偏好冷食

很多人对比如凉拌青瓜、凉拌土豆丝、雪糕、凉菜等冷食情有独钟，一般来说，这样人的性格特点都比较坚强有毅力。由于他们太过坚强，就会让人不太敢靠近，有一堵墙围着的感觉。他们也往往觉得自己足够坚强，不需要被别人了解，所以也不会刻意去表现自己，保持彼此距离对他们来讲比较舒服。但是他们都很喜欢亲近大自热，对大自然有浓郁的兴趣。四川人就比较喜好凉菜，川菜中凉拌菜是比较重要的一部分。四川人比较有个性，这些都与坚强的人偏好冷食的特征不谋而合。还有东北人也一样，东北菜系中也有很多冷食，我们会称东北人为“东北汉子”。他们性格很烈，很刚毅，不造作，坦坦荡荡。

点菜时大声呼喊的人表现欲强

有的人点菜时会打着手势呼叫服务员，然后又很大声地点菜，吸引别人的注意，这种人的呼喊就是为了表现自己。我们都有这样的经历，餐馆吃饭时如果隔壁桌有个人呼呼喊喊故意很大声，好像是怕别人不知道他点了什么菜一样，对于这种人我们会觉得很烦，很讨厌，甚至有点病态。其实我们这么想还真是没有冤枉他们，表现欲太强的人可能有心理偏差，心里有点自卑，对自己认识不够，或者是觉得自己有缺陷但是却无法正视，也缺乏自我情绪调节的能力。比如电视剧中会用暴发户来代表这一类人，他们一夜暴富，财大气粗，然后走进餐馆显摆一下，打着手势召唤着服务员，要这样要那样，然后指着菜单，对着服务员大声地喊出菜名，他们完全意识不到这种举止的不文明，甚至生怕太小声服务员听不到自己说的内容，这种人的性格往往喜欢招摇，但他们没有想过自己的行为除了让别人觉得他们很低俗外，没有任何好印象。

点菜速战速决

有的人点菜犹豫不决，把菜单翻来覆去看好几遍都没法决定要点什么。有的人点菜却很干脆，三下五除二就点完餐。点菜的时候速战速决的人是个急性子，不光是点菜，他们做什么事情都很快，不喜欢拖泥带水。也许这个跟他们的工作性质有关系，工作要求让他们养成的习惯是不能有过多的犹豫，时间就是金钱，速度快是后天鞭策出来的。比如那些金融从业人员，分秒必争。又或许他们天生就觉得时间很紧迫，做什么速度都要快，反应也要很快。

但是这种人过于追求速度上的快，却缺乏深思熟虑，有些想法难免过于天真，毕竟他们的逻辑思维能力不强，都是凭自己的第一感觉或者以往的经验来做决定的，通常他们的主观性都很强。他们拥有领导者的特质，也就是果断、勇于做决定，但是果断有时候会变成太主观而略显偏执，只相信自己而不相信别人，太过独断。这些都来源于他们潜意识的竞争心理、好胜心理。“凡事求快”“不想落后于人”。

点一大堆菜的人一般心浮气躁

一次点一大桌子菜的人一般都是处在受到刺激后心浮气躁的状态。有的人比较容易冲动，容易被激怒，然后又不会冷静地去思考，而是觉得心里很烦。这个时候他去吃饭就会这个也来一份，那个也来一份，好像不叫到满满一大桌心里的气就出不完一样。我们还经常会听人家说，被上司气死了，烦死了，想辞职不干了，然后相邀去饱吃一顿才会好受一点，舒缓一下心里的郁闷。或者是被老公气到了，相邀几个闺蜜去豪吃一顿菜过瘾。经常这么做的人一般都是选择直接表达想法和情感的人，不会拐弯抹角要小心思，然后又略带点孩子气，不按章出牌。这种对待自己不满意的事情容易浮躁的态度，是面对质疑或者失败缺乏“随机应变”的弹性，容易冲动，不会去分析、思考挫折，然后再慎重的或者是选择合适的方法解决问题。

问一问他人想吃什么

点菜时会问一问别人想吃什么的人对细节比较敏感，懂得灵活变通，懂得要领，个性也比较亲切随和。但是他们虽然看起来很有计划，会咨询别人的意见，可是做决定时却不一定有很深入的想法。如果咨询了别人之后是听取了别人的意见点了同样的菜，那么他的“同调性”会高一点。他会遵从大多数人的意见，内心是希望与别人一样的，不会固执地坚持自己的观点，自己的意愿也会根据别人的建议而改变。但是这种人比较容易摇摆，忠诚度不高，比较难以信赖，他们不喜欢离开现在归属的团体或者朋友圈。但是有另外一种人，他们会在点餐前询问大家的意见，但是也只是问问而已，以表示自己的礼貌，最后点的菜却是和对方提出来的菜不同的。他们就是我们称为会反其道而行、不在乎他人的人，他们只会在乎自己的意愿。

酒后吐真言

酒后的言行举止都为非理性的，比较真实，我们称为酒后吐真言。观察一个人酒后的举止，可以摸到一些他的性格特点。

一声不吭倒头就睡型的人非常理智，深知酒后会胡言的后果，自我约束力强，言行都很规矩。

酒后夸夸其谈的人不是举止轻浮的就是性格懦弱的。平时怀才不遇，长期被压迫，借着酒精的力量把心里的郁闷都释放出来，免得把自己憋坏。

借酒闹事，比如言语挑逗甚至动手打架的人自我调节能力极差，好像随时都在临界点，只要轻微的刺激就会爆发一样。他们愤世嫉俗，觉得自己命途坎坷，所有人都亏欠他们许多。

酒后喜欢划拳的是喜欢热闹、害怕孤独的人，即使是在热闹的环境里他们也很容易觉得自己落单了。所以划拳如同酒精一样，能为他们排忧解闷。他们闲不住，总是要找点事情做，喝酒、划拳，要不就是借由工作来让自己不感到寂寞。

喜欢斗酒显示酒量的人通常都是豪爽型的，大大咧咧，不拘小节。他们会抢着付账，不喜欢亏欠别人，更不喜欢占人家的便宜，心胸比较宽广。

喜欢独酌的人经常都郁郁寡欢，他们喜欢一个人静静地喝酒，不用去跟别人应酬，也不喜欢凑热闹。他们不擅长表达自己，也不擅长人际交往，就是喜欢独处。但是这种人是理智型的，是非对错心里都跟明镜一样，就是行为多数比较消极。

酒后爱笑的人乐观充满幽默感，为人随和容易接近。

酒后哭闹的人有严重的自卑感，即使是别人看来已经一帆风顺的生活，在他心里还是觉得生活对他不公平，内心充满着绝望与悲观。

付款方式看性格

我们日常生活中衣食住行都跟付钱有关系。行为学家就人们不同的付款方式，对他们的性格进行了小分类，这个也算是生活中我们识人知人、把握人际关系的小窍门之一。

习惯只用现金付款吃饭的人是保守传统派系，他们不擅长接受新鲜的事物，只有传统的付款方式才能让他们放心，觉得安全。他们即使了解到有其他的方式也不会去尝试，只会偏重于循规蹈矩，困守着旧方式，缺乏冒险的精神。这种人天生缺乏安全感，并觉得自己总是做得不够好，自卑感强烈但又渴望得到别人的认同和肯定。他们做任何事情都必须亲自参与，亲力亲为才觉得事情能完成，心里踏实。

喜欢拖欠饭钱的人就是小肚鸡肠的人，喜欢占人家的小便宜，总想着能不能吃饭不给钱。他们觉得别人天生都亏欠他们，就应该让他们占便宜，心里缺乏公平的观念，总计算着自己少付出甚至不付出就能尽可能地得到回报。如果他们主动关心别人、帮助别人，代表他们对对方是有所求的。一般情况下，他们虽不算冷淡，但是也谈不上热情真诚。

有的人吃饭从不拖欠饭钱，账单一到就马上付款。他们代表做事有魄力的一类人，说话算话，干脆果断，拿得起放得下，工作生活中都是说一不二，绝不拖泥带水。

另外有一类人就是喜欢蹭饭的人，总等着别人给自己结账。这类人通常是容易摇摆型，无自己的原则和立场，习惯性地服从和听命于别人，属于被领导的人群。他们责任心不强，可以推就推，不会主动去完成任务，万一遇到问题第一反应就是找理由和借口为自己开脱，在挫折和困难面前，逃得最快。

还有一类人会选择新型非现金支付方式，比如卡类支付、电话支付和网上支付等。他们很容易就能接受和尝试新鲜事物，但是他们依赖性也很强，需要依赖别人或者某一种事物，所以他们也常常会陷入丧失自己的主动权，甚至受制于他人的境地。

吃西餐不同方法的人性格不同

1. 不切、直接用叉子吃的人一般都很有头脑，条理性也很强，善于找方法解决困难。优点是小心谨慎，对事情的把握很到位，任何事情的发生都可以预见。

2. 刀叉配合一边吃一边切的人作风干脆利落、果断，但是会遇到自以为是的想法太随意，因为缺乏可操作性而弄巧成拙。

3. 把需要切的都切好后再用叉子慢慢享用的人心思非常缜密，做事很有节奏，他们可以很体贴、很细心地照顾别人，觉得这个也是一种享受。他们都是比较简单、心无城府的人，开心与不开心他们都毫不掩饰地流露出来。但是如果碰到有想要的东西无法得到，意愿无法满足的时候，就会立刻变得急躁不安。

4. 有的人不用刀子也不用叉子，切也不切直接拿起来就吃。他们吃饭是为了满足口腹之欲，属于比较容易冲动的人，往好的方面想就是行动很积极，坏处就是因为太冲动而误事。一旦他们下定决心要完成某个事情，不管对与错，都会不达目的绝对不罢休。

边吃边看书的人爱思考

小学课本里有一篇文章，讲的是陈毅元帅小的时候吃糍粑的故事。他一边吃东西一边看书，结果把墨汁给吃到嘴里了。长大之后的陈毅元帅取得的成就是大家有目共睹的。不管这个故事是杜撰的还是确有其事，但是有一点可以肯定：如果一个人喜好一边看书一边思考的话，就代表这个人是一个怀揣着梦想和计划的人。每当他思考的时候就要不断补充食物，其一，他不想浪费吃饭的时间；其二，吃饭的时候可以带来更多的灵感。这样的人考虑问题总是把经济效益放在第一位，所以会为了节省时间和精力，常常同时做好几件事情。

尽管这样的人是一个有计划的人，但千万别忘了，吃饭可不能三心二意，这样是在增加胃的负担，别因小失大，到时候身体垮了更实现不了梦想。记住：身体是革命的本钱。

吃饭速度快的人性子急

吃饭速度快的人是一个急性子的人，也是一个豪爽刚烈的人。吃饭快只是他急性子的表现之一，其实他无论遇到什么事情都想很快解决，很快把它做完。这种类型的人肯定是一个精力旺盛的工作狂，当他决定“开工”的时候，肯定是风风火火，不管发生什么事情都是无法阻止他的，而且不喜欢听一大堆理由和原因来解释问题，只求达到目标，不喜欢过程有多么惊天动地。不过他们也有一个缺点，由于性子太急，有时候别人在交代问题的时候，他只听到问题，就开始想着该怎么去具体行动了，却丝毫没有听进去别人对这个问题的要求之类。等到具体行动的时候，他并不知道对方具体是怎么要求的，又不好意思去问，很有可能就会做一些无用功，甚至费了好大的劲却和对方的要求完全不同。

这种人的喜怒哀乐都会表现在脸上，天生就大大咧咧，不喜欢拖泥带水、拐弯抹角，所以有很多不错的朋友，深得朋友们的爱戴和拥护。

细嚼慢咽的人好享受

从小我们就听长辈们这么说：男孩子吃饭，狼吞虎咽；女孩子吃饭，细嚼慢咽。长辈们的初衷是好的，想把男孩子都培养成一个干脆利落的男子汉，把女孩子培养成温柔、贤淑的大家闺秀。

事实上，不一定女孩子才会细嚼慢咽，只要是一个喜欢享受生活的人都喜欢细嚼慢咽。细嚼慢咽不但可以享受食物给自己带来的齿颊留香的感觉，还对身体有益。此外，喜欢细嚼慢咽的人还是一个严谨小心的人，他们不做没有把握的事，凡事爱挑剔，所以给人的感觉也是冷酷的。这种人有一个特点，就是不随便答应别人一起用餐，而当其答应你一起用餐时，也代表着与你成交了。因为他们喜欢不慌不忙地咀嚼每一口食物，尽情享受着美食的味道，享受着欢乐的时光，所以他们也不会和很多人分享他们这种喜悦。当他们真正把你当成是他们的朋友，你才能享受到这样的待遇。喜欢细嚼慢咽的人相比追求事业上的成就，更喜欢享受大自然的恬静优雅，因为他们觉得通往成功的奋斗路是无聊而枯燥的，远远不及享受人生的好。

不过我们从健康的角度来讲，细嚼慢咽是一种健康的饮食方式，不仅可以让胃充分吸收食物的营养，还有助于保持身型和减肥。

从口味看性格

喜欢吃清淡食物的人个性也是偏向清淡的，这种类型的人个性随和，容易接近。而且他们也注重人际交往，认为朋友越多越好，所以他们善于扩展自己的交际圈，可以用一个句子形容他们，就是“朋友满天下”。但这种人不大喜欢孤军奋战，他们喜欢集体活动，所以独立能力较差，也不适合做领军人物。

为什么说他们不适合做领军人物呢？因为喜食清淡的人新陈代谢往往较慢，所以他们的思维也不会太活跃，对待事情的态度也是只求泰然处之即可，没有一个果断的判断力和统帅才能。

不过为了健康着想，还是建议在日常生活中可以选择清淡的饮食习惯，但还是要注意一个平衡的度，过多或者过少的糖分、盐分都可以引起身体的不适，适当的营养也是正确的。

当我们在形容辣椒的时候总会说“火红的辣椒”，没错，喜欢吃辣的人也如辣椒一样，性格就是一个“火”字，他们做事风风火火、轰轰烈烈，为人热情似火、豪爽讲义气，脾气也是火暴、泼辣，整体上来讲，他们的性格就是属于“多血质”型。所以当你发现有朋友好吃辣，那可千万不要去招惹他，因为当他生气的时候，会像长老了的朝天椒一般，拿一个放在嘴里嚼嚼时，耳朵都会辣得嗡嗡作响。

从吃法可了解是否在意别人言行

每个人有每个人的吃法，尽管不同的吃法对身体的影响也不大，更不会影响菜肴的美味，但不同吃法的人有不同的性格，也会影响着别人对他的看法。

如果一个人明明自己点了一份简餐，但又看着别人的简餐觉得很不错，很想去吃别人的那一份，这种人是一个善变而且没有自信的人，经常做了很多努力，但总觉得自己还是没有满足感，而且很在意别人的一举一动。这种人一旦看见别人比自己优秀就会很自卑，尽管在外人面前还是表现出开朗活泼的一面，但一旦落单了就很不开心。

喜欢将好几盘菜从最边缘开始按照顺序，一道一道开吃的人，是一个一旦确定目标就会勇往直前、埋头苦干的人，他不会在意周围人看他的眼光，只求把眼前的工作完成好，一件事没有做完，就绝不会心有旁骛。这样的人适合一个人孤军奋战，因为这样可以发挥他高超的集中力，他不适合同时开展很多项工作了，因为他就是一个一本正经而且固执的人。如果你想让他以广阔的视野看问题，然后做出权衡的判断，是比较困难的。

当一个人在吃饭的时候不管三七二十一，马上把自己眼前的吃完，也不管别人的感受和进度的话，这种人就是一个非常自私而且急性子的人，他以自我为中心，没有想过配合别人的节奏，尽管他对待工作上是积极、灵活的，但经常因为过于自我往往造成了别人的困扰。不过这种人也是一个很坚定的人，一旦他下定了决定，就会认真地去执行，而且任何事都不可能使他动摇，他会以一种强硬的态度，去面对那些流言蜚语和批评。

食物改变性格

是不是很难想象通过食物的调整也可以改变性格？其实这是有可能的。美国心理学家夏乌斯博士在《饮食・犯罪・不正当行为》一书中就提到这样一个通过食物改变性格的例子，怪癖少年杰利从小好动，难以管教，9 岁时就被管教所管教过一段时间，11 岁时还因为涉嫌犯罪遭到法庭的传讯。后来专家认为不能让这样一个小孩就此变坏了，试图通过糖类食物的控制使其的性格有所改善，果然，通过一阵子的控制，杰利的性格有了明显改善。

所以，当我们发现一个人某一方面的性格不太好，想帮他改善时，我们可以巧妙地调节食物的营养组成，使之可以有所转变。

性格不稳定者：很可能是因为缺钙造成的心神不定，那补钙的步骤就不可缺少了，富含钙质的食物有：牛奶、大豆、苋菜、海带、炒南瓜子、紫菜、木耳、田螺、河蟹、虾米、橙子等。

容易发怒者：当一个人遇到不顺利的事情就容易激动，甚至暴跳如雷的话，那很可能是缺钙和维生素 B，那就应该多吃牛奶、海产品补钙，多吃橙子等水果补充维生素，但要尽量减少盐分及糖分的摄取。

喋喋不休者：一个人整天爱唠叨很可能是他的大脑中缺少维生素 B，那么多吃粗粮，或牛奶加蜂蜜，这是方便又好的方法了。

怕事者：主要是缺少维生素 A、B、C，宜多吃辣椒、笋干、鱼干等。当然也可能因为食酸性食物过量，应多吃瓜果蔬菜。

不善人际交往者：如果一个人属于神经质兼冷漠的话，那他的人际交往肯定是一团糟，建议多饮用蜂蜜加果汁，还可以摄入少量的酒以改善。

消极依赖者：如果是胆小怕事，没有勇气做决定，喜欢跟着别人决定的人就应该多吃含钙和维生素 B_1 比较丰富的食品，并且适当节制甜食。

做事虎头蛇尾者：如果一个人做事总喜欢三分钟热度的话，那这个人很可能缺乏维生素 A 和维生素 C，可以多吃猪、羊、牛、鸡肉、鸡鸭蛋、鸭肝、河蟹、牛奶、羊奶、螺等食物补充维生素 A，还可以多吃红枣、辣椒、猕猴桃、橘子、山楂、油菜、苦瓜、豇豆等补充维生素 C。

焦虑不安者：当觉得整天都处于焦虑状态，但又没有具体的焦虑内容，很可能是缺少钙质和维生素 B，可多吃一些动物性蛋白质进行补充。

从冰激凌的口味看性格

喜好不同的冰激凌口味代表着不同的个性特点。对各种类型，在择偶上也是很有规律可循的。

1. 爱香草味的人生活丰富多彩，并不像香草这种植物那样平凡和普通。但是与香草一样，很百搭，喜欢交朋友也有很多朋友。他们时不时地会有一些奇奇怪怪的想法，善于表达，爱冒险爱新奇，带点小冲动，是个很浪漫的人。所以他们适合找香草口味的人做伴侣，因为两个人都同样追求浪漫而且善于分享，一定是理想伴侣。如果是爱冒险的，不喜欢生活单一平凡的人应该选可以激发并帮助自己坚定地完成目标的人做伴侣。

2. 爱双层巧克力味的人视社交如生命，无法忍受独居，他们喜欢受人瞩目，永远希望成为大众关注的焦点。演员大多是这种人，生活在聚光灯下毫无压力，活泼、可爱、外向，有着非常戏剧化的夸张气质。如果需要稳定生活的话，你们的最佳伴侣就是能让你有安全感的。

3. 爱草莓加奶油的人，生性腼腆害羞，他们通常对生活感到不知所措，情感强烈而且情绪容易不稳。由于对自己寄予很高的期望，但是自身的想法行为却有着消极的倾向，这种矛盾的性格产生的后果就是对自己的失误责怪不已。他们适合跟选巧克力脆皮的人搭配，因为一个有远大理想和高要求，一个有轻松的生活态度但缺乏目标，肯定会一拍即合。

4. 爱香蕉奶油派的人对身边的人很随和，是个善于倾听的对象，给人轻松、愉快的感觉，所以他们大多人缘很好，招人喜欢。由于他们天生容易相处的性格，几乎所有的人都能成为他们合适的伴侣。

5. 爱巧克力脆皮性格的人心怀远大的理想，他们的字典里没有“失败”和“损失”这两个词，总有着追求与获取的愿望，具有与生俱来的竞争意识。他们适合与能证明自己志向，或者是欣赏他们迷人的天性的人一起生活。

6. 爱核桃味的人对细节很挑剔，不管是对自己还是对别人，都有很高的要求。他们的每分每秒都必须过得有意义不能浪费，待人接物偏执、刻板和严厉。他们不是善于表达自己的人，但是守规矩讲道理，公私分明，务实也讲求效率。他们需要的最佳伴侣就是自己的同类，惺惺相惜，欣赏彼此不俗的品位的人。

从吃饭的坐姿看出一个人的性格

坐姿可以看出一个人的性格，而且从在吃饭时的坐姿看性格更加精确，因为如果单纯坐着，他还可以伪装，但加上吃饭了，一心要做两件事，当然会暴露出自己潜意识的习惯和姿态。

1. 双脚并拢，外倾于一个固定方向

这种人是对自己充满自信的，无论是对待爱情还是工作，都有一套严格的标准来要求自己。对于工作他是全力以赴的，做得比别人好是他的原则；对待爱情，他要求对方要有高雅的言谈举止，要有卓尔不群的品性，要有大方得体的仪表，对于那些泛泛之辈他是看不入眼的。但这种人往往会因为对自己要求太高而活得太累，在爱情上也毫无收获。

2. 跷着二郎腿最常见

如果是一个跷右脚型的人，属于比较内向保守的人，防备心理也比较重，任何事情他都必须通过周全的考虑才会下决定。对爱情有着强烈的渴望，就是缺少抓住爱情的勇气，总是希望有异性主动追求，才有可能堕入爱河。这种坐姿的女性是一个典型的传统女性，端庄贤淑，中规中矩。

反之，如果是个跷左脚型的人，则是一个富有冒险精神的人，勇敢自信，对待工作也是认真勤奋，敢于创新；对待爱情积极大胆，深得异性的喜欢。

3. 膝盖靠拢，膝盖以下则叉开

有这个坐姿大部分是女性，而且是一个率性而没有心机的女性，心里想什么嘴上就会说什么，整体给人不成熟的感觉。对于爱情更是似懂非懂，也不大留意异性，也许要等待有心人的“开发”吧。

4. 坐时常将脚尖相互交叉

这种坐姿的人是一个相当拘谨含蓄的人，人际交往能力不强，经常在社交场合中出现目瞪口呆、手足无措的窘态。而且这种人安于现状，没有强烈的事业心，只要生活平淡如水就好了。对于爱情，也不是一个会主动争取的人，如果是女性的话，基本就是一个夫唱妇随的本分女子了。但在爱情中容易受骗，经常是让别人不断地伤自己的心。

第十五章 爱你不一定要说出口：表白信号

展露温暖的微笑

微笑是一件厉害的武器，在大家都高兴的时候，微笑可以让人的心情更加愉悦。就算在大家都不高兴的时候，微笑也可以化解怒气，就像阴沉沉的天空中洒下的阳光，总能战无不胜。微笑是有温度的，当你看见一个人对你微笑的时候，心里总是会有一种暖洋洋的感觉，你也会不自觉地微笑起来，这就是微笑的魔力。所以在爱情关系里面，微笑也是必不可少的表达工具。当然，微笑也是分为很多种的，不同类型的微笑也代表着不一样的情感，不一样的对象。

在面对心仪的异性时，所展露出来的微笑是最美丽的，不矫揉不造作，只是单纯的由于内心的幸福感和荷尔蒙的作用所展现出来的。这时候，你的眼角会出现细微的鱼尾纹，眼睛也好像要眯成一条线一样，然后颧骨周围的肌肉会自然地收缩，带动嘴角上扬，形成最温暖的微笑，这种抽象又具体的表达，可能会让人产生一种陌生感，觉得只不过是简单的微笑而已，没有必要搞得这么复杂。再仔细一想，自己好像从来没有遇到过这么“科学”的微笑，但是如果你真的见到了这种可以让人感觉到幸福的微笑，就会自然而然地明白这种描述，这就是表达着浓浓爱意的微笑。

在对方向你展示温暖微笑的时候，就相当于把自己最美的一面展示给了你，他希望自己在你心中永远都保持着积极正面的形象，好像有了他，你的周围就会多了一份欢乐一样，当你发现了他这点可爱，也许你对他的看法就会有所改变，甚至大幅提高，比如从不错晋升为挺好的，又比如从人好晋升为性格好。由此可见，微笑虽然是非常简单的一个动作，却有着巨大的魔力。别人在向你微笑的时候，除了想将自己最可爱的一面展现给你之外，其实还有别的想法，就是希望可以将自己这种积极向上的情绪传染给你，让你在跟他相处的每一分每一秒中，心情都像他的微笑一样美好。

微笑是世界上最美好的语言，虽然它没有声音，也不豪迈，更不会动人心魄，只是淡淡的一笔，但却足以温暖人的内心，驱散人们心里的阴霾。所以要珍惜身边这个无时无刻不对你微笑的人，因为他希望在你看见他微笑的时候，心里也可以开出一朵灿烂的花。有的时候喜欢一个人就是这样的，可能不奢望对方有一天也可以喜欢上自己，却总是希望对方的生活可以因为自己的存在而产生一些不同，哪怕只有一点点，一些可以使对方更快乐的因素。所以想要表白成功的人，千万不要吝啬自己的微笑哦！

与你在一起时总表示心情愉悦

在你的身边，有没有那么一个人，好像他在你面前从来都没有伤心、失望、难过的时候？好像他从来都是开开心心的？好像他从来都不会觉得疲惫，从来都不会抱怨？时间久了，久到你以为可能他天生就是个乐天派，突然有一天却发现他心情郁闷地抽着一根烟，或是表情沮丧，或者是郁郁寡欢，你的心里就会有一个疑问：他也会不开心？

是的，他会不开心，每个人都会不开心，之前他也有过不开心，只是你没有发现，而你之所以没有发现，是因为对方不想让你发现。他只想让你看到他永远笑容满面的样子，看到他精力充沛的样子。这么做的原因有很多：可能他不想让你因为他的不开心或是疲惫而担心，可能他想保持在你心目中永远阳光帅气的形象，可能他想在你的生命中一直以一个正面的形象出现……这么多的可能，可能都是出于一个原因，那就是他喜欢你。而且如果他真的喜欢你的话，和你交谈也许是他这一天中最开心的事情，那他心情愉悦也就自然是应该的了。也有可能你遇到他的时候正是他心情不好的时候，而你的突然出现就像一道亮光一样划破了他的阴霾，那种负面的情绪都会因为你的一句“在干吗”或是“待会去吃饭啊”给完全销毁，不要质疑，被暗恋的你就是有这种神奇的魔力，从这点就可以看出你在他心目中的重要地位。不论是上面的哪种情况，都逃脱不了一种情况——他对你有意思。

其实仔细想想，这种心情愉悦对于你来说，何尝不是一种温馨的存在。可能你自己并不知道，你在每次看见他这么开心地跟你在一起时，你的心情也会不知不觉地开心起来。可能本来痛苦的加班会因为他的夜宵和他的乐天而有种另类的美好，你甚至已经不再痛恨加班，而是对它有了些隐隐的期许。所以如果你发现一个人在跟你相处时，总是很开心，心情总是很愉悦，那么很可能过不了多久，你就要收到一份表白了。

凝视对方可以增进感情

在一些电影里，为了表示两个人的愤怒，经常用非常夸张的表现手法，比如在两个人的眼神之间弄出一道“电流”，还冒着火星子。当然，这只是夸张手法，不过在有感情的异性之间，眼神的交汇确实可以产生一种电流，让男女双方都陷入一场混乱的电场中。在这种“电场”中，眼中的对方会比平时看着更有吸引力、更迷人，这就是眼神的力量，古人说“含情脉脉”，就是这个意思了。这时候的凝视，真的能够起到“此时无声胜有声”的效果。所以如果能够做到时不时地用关切的眼神注视着对方，就会产生意想不到的效果。当你在一个人的眼睛中看见自己的反射影时，是一种很奇妙的感觉，而眼睛又像是心灵的窗户，所以你在他的眼睛中看到自己，就仿佛感觉他的心里也有自己一样。

所以说凝视可以增进你们之间的感情是完全有可能的，而且在眼神凝视的时候，人们通常都会很容易幻想到与对方在一起时的美好画面，仿佛在对方的棕色的瞳孔中可以看到自己的未来一样，眼神和眼神的交流在某种程度上就是心与心之间的交流。而且通常人们总会喜欢在对方的眼神中寻找诚实与认真，如果你可以将你内心的真实想法透过凝视时的眼神传递出去，绝对会有意想不到的效果。

如果你发现身边有一个人喜欢注视你，那么很有可能他喜欢你，你要做的就是进一步的确认。当你发现他又在盯着你看的时候，可以小幅度地瞥他一眼，辨认出他是用哪种眼神注视你的，如果是很深情，或是好像有点幻想什么的那种，那他很有可能就是对你有意思了！而且对方在凝视你的时候，心里肯定也是希望你是有所回应的，希望可以在你的眼神中找到自己的影子，“我的眼里只有你”绝对可以增加内心的幸福感，所以如果你的心中真的也有他，那你完全可以大胆地直视对方，让对方知道你对他也是有好感的，双方就可以为这段感情的开始做些准备了。

距离控制：你可以靠近我

在现实交往中，我们不难发现，好像每个人都有一个安全的保护距离，在国外被称为“personal space”，也就是个人空间的意思。换句话来说，就是当一个人与你的距离太近时，不管这个人跟你关系多好多密切，一旦超过了某个距离，就会让你产生一种不自在、想逃避的想法，就好像他涉及到了你的底线与隐私一样。所以在人与人的日常交往中，没有必要变成“狗皮膏药”，死死地粘住人家，否则很可能适得其反，保持适当的距离也许会更有利于事情的发展。那如果对方向你发出“你可以靠近点”或是“你可以离我再近一点”的信号时，又是什么意思呢？

这种距离尺度缩小的原因可能就是他对你有意思哦，上面已经提到了个人空间的问题，如果在这种前提下对方还是想要你们俩之间的距离近一点，或再近一点，就说明他很欢迎你去参观他的“空间”，去探索他的世界，他希望你可以从多方面了解他，进而对他也有所好感。例如你们是同事，本来工作上面的交集就比较少，所以平时也很少来往，但是你突然发现这个人最近总是会以各种名目接近你，比如工作上面唯一的那点可以交叉的事情、对于一些软件的请教，并且在这种情况发生的时候，他都会主动缩近你们之间的距离，好似不经意，但如果把中间的时间差省略的话，就会发现在开始交流与结束谈话的时候，你们之间的距离已经缩小了大大的一段了，只不过是你自己没有感觉而已。而且在距离足够近的时候还会自然而然地产生一种暧昧气息，这也许就是他想要的，在这种距离与气氛下，脸红心跳是很正常的反应，当然也是意料之中的好结果。

所以看一个人面对你时对距离的控制程度，也可以知道这个人对你的防备程度，如果真的有一位异性朋友喜欢你离他很近很近，不要觉得他很奇怪、很冒昧，你可以多观察一下他和别人接触的时候是不是也会这样，如果他对别人表现正常，维持在一定安全距离之内，而只有在与你相处的时候才会有“特殊待遇”的话，基本上就可以确定他喜欢你了。而且这种人的侵略性会比较强一些，因为他在让你接近他、试图了解他的圈子的同时，也在接近你、试图去对你的圈子有更多的了解，这种行为是双方的，一般情况下对升温感情还是比较有效的。

在你面前哭泣

俗话说“男儿有泪不轻弹”，不知道是因为雄激素的原因还是人类自古流传下来的文化，现实生活中的男性朋友们真的很少掉眼泪，至少在别人面前很少，谁知道在家里四处无人的时候情感会不会通过眼泪得到宣泄呢？但是有一点是可以确定的，那就是，如果一个男人在你面前掉眼泪，就说明在他心里你占有很重要的分量，是一个很值得信任的人。试想一下，如果一个异性充分得到你的信赖，在你的心中占有很重要的地位，那么你对他的感觉也肯定不一般。

一个男人在你面前哭的时候，就代表他对你卸下了内心的防备，在他的思想观念里，你就是他的“圈子”里的一部分，他信任你，相信你不会因为他的哭泣而嘲笑他、看不起他或是对他产生什么消极的印象。如果一个在你看来是个普通朋友的异性，有一天突然在你面前放声大哭或是小声抽泣的时候，不要用惊讶的眼神看着他，这样会让他更加受伤，你要做的就是尽你所能安慰他，毕竟他不是见到每个人都可以卸下防备吐露真心的。这个时候如果你对他也有感觉的话，不妨把安慰当成是一个机会，一个可以让你们俩更加了解，关系更加亲密的机会。

如果你的另一半选择在你面前哭泣，就说明在他心中你们俩的关系可能已经不仅仅是情侣那么简单了，这个时候的爱情也不再是单纯的爱情，而是正在向亲情转化，他希望有一天你可以成为他的后盾，是他在外面拼搏后的港湾，内心的支柱。也许这种微妙的转变已经在他的心中酝酿很久了，也许他已经把你当成老婆的最佳人选了，你们的美好未来也即将到来了，随时做好迎接幸福的准备吧。

频繁的短信

随着社会的不断发展，手机似乎已经成为了人们随身必备的电子产品。确实，手机给我们的生活带来了极大的便利，当然，也给表白带来了便利。

有的人喜欢发短信，有的人却嫌麻烦，有什么事打个电话，一句话就能说清楚了。其实，发条短信与直接打个电话的感觉还是不一样的，似乎短信总会比电话多那么几丝暧昧的信息。而且在打电话的时候，有的人一紧张就会出现口吃的情况，但是换作是发短信就会大大地减少尴尬与紧张感。就算一不小心打错字了，还可以删掉重来，但是要是说错了话，就很难收回了。所以在通常情况下，一些难以启齿的话通过短信的方式表达出来也不失为是一种不错的选择。

“干吗呢”“刚刚看见一只小狗狗，好可爱哦”“今天天气可真冷啊”……类似这种没有营养的短信相信大家都收到过，如果只是偶尔的话，只能说明你那个朋友在那个时候比较无聊，只是想找个人说几句话而已。但如果你经常收到这样的短信，而且总是出自一个人之手的话，你就该想到，可能他当时的感觉就不只是无聊那么简单。你想想，他为何总是只给你发这种没有营养的短信呢？难道他就是故意想要打扰你的生活？当然不是了，如果细心的话，就会发现，他给你发的短信看似是完全没内容的，但实际上是对他这一天生活的简单剪影，比如吃饭啊、学习啊、工作啊，他希望通过这些短信可以让你更加了解他，更加关注他，并从他向你描述的内容中找到自己感兴趣的东西，从而对他也产生兴趣。

所以经常给你发一些可有可无的短信，并不是说明这个人很无聊，也许更多的是因为他不论在干什么的时候都能想到你，什么都想要在第一时间找你倾诉。所以当你再收到这种短信的时候，不要只回一个“哦”或者是“呵呵”之类的话，这样可能会伤害到他的感情，最起码他并不是想打扰你的生活，只是在默默表达自己爱意的一种方式。

喝醉后的电话

每个人在喝醉了之后的表现都会不一样，有的会大笑，有的会大哭，有的还会惹是生非，但除了这些以外，还有一类人在醉酒后思绪会比平时更加清晰明朗，而且对某个人的思念也会表现得更加明显，一般这个时候他会鼓起勇气，拿起电话，拨起早就背得滚瓜烂熟却一直没有勇气拨出去的那个号码，然后乱七八糟说着自己都不知道是什么的内容，再匆匆地挂掉，留下电话那头的一片茫然。

其实这种电话几乎每个人都打过，在意识介于清醒与不清醒的状态的时候，尽管身边有着朋友的陪伴，但是内心还是会感觉到孤单、无助，这个时候你就会特别希望得到自己心里面那个他或是她的关心。而且“酒壮怂人胆”这句话并不是没有道理的，在爱情面前，每个人都会变得痴痴傻傻的，尤其是在喝醉酒的时候，你会在潜意识里允许自己的行为脱线一次，然后，电话就拨通了。

从醉酒后的巨变看穿他的真实性格

但是你所有的勇气都会在电话接听，听到对方的一声“喂”之后就瞬间灰飞烟灭，于是你便又恢复了平时的紧张、结巴、语无伦次、前言不搭后语……你会觉得自己的表现实在是太糟糕了，如果不是电话还通着，可能你早就已经钻到地缝里去了。相信这种感觉所有的人都会理解，但是一旦你变成了接到电话的那一方时，你的思维就好像总是会打了个结，怎么都不会往他是因为喜欢你的这方面考虑，所以如果下次你再接到这种听着乱七八糟，而且明显像是有点喝醉了的电话时，也许你就应该认识到，在他的心目中，你的关心比什么都重要。

无处不在的巧遇

当一个男人喜欢上你，就会时常想见到你。有种明知不可为而为之的冲动。男人又是一个爱面子的动物，他不好意思直接约你，就会想办法制造一次又一次的巧遇。

当你和某位男士总是不期而遇，一天中频率在三次以上的时候，那么你就要小心了，因为要么是他喜欢上你了，要么就是你已经变成了他的猎物。要怎么来区分这两者的区别，这个问题说简单可以很简单，但是因为需要综合考虑的因素很多，所以又比较复杂。

首先，要判断这个男人是出于什么目的。现在的女人也可以在事业上做得风生水起，有些事业上的合作，为了谈成生意，对方会无所不用其极，所以有利益牵扯的男人，出局。现今时代，什么样的男人都会觉得自己是情圣，处处留情。这种男人深谙女人爱浪漫这件事，制造偶遇不过是想泡你，而且分手了就会怪什么有缘无分，说些不痛不痒的话，所以情种，出局。一个值得去爱的好男人应该身家清白，与前女友泾渭分明，不与女同事暧昧不清，不寻花问柳。如果一个老实男人，肯为了你，制造这些不期而遇的小浪漫，那还等什么呢？

无数次的巧遇已经是一种信号了，不要再犹豫，不妨大胆地给些回应，这样一段感情才可能往下一步进行。前世的500次回眸才换得今世的一次相遇，不要再犹豫了，不然肩膀都磨破了，你们还是没法在一起。

不经意的触碰

这种微行为通常是女人用来表达爱意的方式，如果一个男人也用这种触碰的方式向对方表明好感的话，可能会在浪漫的爱情故事还没有发生之前就把对方吓着了，毕竟男人的这种肢体触碰总会给女人留下不太靠谱的印象。女人这种不经意触碰的行为并不是很明显的，只有在你很细心的时候才能发现。

每个女人在心里都会有一个把别人隔离在外面的安全距离，如果她对你有好感的话，她会在心里面想要离你近一点，想要让你与别人不同，这个时候如果你没有发现她对你的感觉，是不会有所行动的，既然你没有表现，女人通常就会给你一种你应该有所行动的信号，这时她会有意无意地触碰你，比如拉着你的衣角、轻轻地打你一下、摸一下你的头发……很多这种小动作其实就是向你传递的情感的信号，她想让你知道她希望你们之间的距离可以比现在更近一些，也就是你们的关系可以更近一步。

如果你足够敏锐就可以发现这些小信号，不过你也要看看这个女人是不是同时会对很多男人都这样，因为如果这种“不经意”的小触碰经常发生在不同人身上的话，那么可能这个女人的生活作风就是这个样子的，这种情况下还是不要误会的好。但如果她只对你一个人产生这种“好奇”的话，那你基本就可以确定，她是对你有意思了。而且毕竟女人的脸皮比较薄，她们的主动还是需要很大的勇气的，对于她来说这可能已经是最明显的暗示了，如果你还没有及时地认识到这种情感表达，那你很可能就会错过这段缘分了。

收买你的朋友

不知道从什么时候开始，你总会从周围朋友的口中听到一个人的名字，而那个人好像这段时间与你朋友的交往也显得密切很多，你甚至都会奇怪他们的感情什么时候变得这么好的？好像原来就只是见面打个招呼的普通朋友啊，怎么突然好像变得很熟络的样子呢？太多的疑问出现在你的脑海中，看着他们相谈甚欢的样子，你实在是迷惑得很。

其实这有什么好疑惑的呢？你只是当局者迷而已，原因其实很简单，就是那个人对你有意思了。仔细想想，近期身边的朋友是不是总会跟你提起他？是不是总是会当着你的面说着他的好话？是不是有时也会装作不经意的样子说出“你们俩如果在一起的话应该也不错”的这种话？情况都已经这么明显了，相信是个正常人都会知道那个人是什么意思了吧。如果还有人问如果他真的喜欢我的话，接近我朋友有什么用呢？这个你就不懂了吧。

在追求爱情的过程中，朋友的态度是很关键的环节。如果对方与你的朋友达成了良好的共识，让他们相信了你们在一起你会很幸福的话，你的朋友肯定会尽力帮他的。首先，他可以和你的朋友交换你最近的心情动态，知道你对他真实的看法，了解你的喜好，并且在你对他有误会的时候会有人站出来替他辟谣。所以当一个人想要追求你的时候，讨好你的朋友是一种有百利而无一害的聪明做法。而且通常女人的思想与决定都很容易受到周围人的影响，所以如果成功地“收买”了她的朋友，那几乎这段感情就已经有了一半的可能了。

所以，如果你发现最近朋友们的嘴里总会出现一个人的名字，又都是在说那个人的好话，而且好像都只是说给你听的，不用怀疑，这些都是那个人在你背后做的功课。看在他这么用心的份上，还是好好考虑一下你们的关系吧。

莫名的醋意

生活中总会有各种莫名其妙的事情发生，比如怎么他今天又莫名其妙地不说话了呢？刚刚还在这儿，怎么突然就莫名其妙地消失了呢？本来你和他在路上说说笑笑地走着，交流、聊天好像都很愉快，这时对面或是身后突然一个异性朋友叫住了你，然后你们停下来笑嘻嘻地说了几句话，话的内容不重要，关键是你们两个的交谈看似很开心，之后你们再告别，回到了各自的位置上，你突然发现，身边那个刚刚还给你讲冷笑话的人突然之间变得不言不语，莫名其妙地沉默起来了，或是等你转过头发现刚刚还和你聊得天南海北的他突然间不知道跑到哪里去了，无影无踪。

这种事情是经常发生的，就是明明之前什么都是好好的，然后跟别人说了话或者开了什么玩笑之后，气氛就突然变得冷漠或是尴尬了。当你事后问对方当时到底怎么了或是为什么突然消失了的时候，他总是会用那种看似无关紧要的理由搪塞你，比如“突然想起来还有事要做”“就是一天下来有点累，不想说话了”，这样的理由也把你搞得哑口无言，仿佛这一切真的来得莫名其妙、毫无原因、毫无预兆一样。

但任何事情都是有原因的，只不过是那个人想不想说的问题，如果是上面那种情况就不要再怪人家莫名其妙了，因为每个人的感情世界都是莫名其妙的。什么，这跟他的感情世界有什么关系啊？如果你非得这样问，那就只能明明白白地跟你讲清楚：他对你有意思！他的莫名其妙是因为他在吃醋！

这样会不会看起来就明朗很多了呢，他喜欢你，那一切就都说得清了。因为他喜欢你，所以看见你同其他异性说话心里才会不舒服，才会不想说话，才会想要躲你躲得远远的；因为他喜欢你，才会那么关注你和别人的交谈；因为他喜欢你，才不想告诉你他当时的表现是在小气地吃醋。所以当你身边再有这种“莫名其妙”发生的时候，一定要先把情况弄清楚，再考虑要不要纠结。

关心你的家人

在你给家人打电话的时候，身边的那个他突然插了一嘴：“叔叔阿姨好！我是××的好朋友，我有时间就去看看你们啊。”你难免会觉得奇怪，为什么突然对我爹妈那么积极啊，没什么事去看他们干吗？如果你真的这么问的话，他肯定会说“这样不是有礼貌嘛”，也就是说你问了也等于白问，这种问题仔细想想就会明白了。

突然向你父母打招呼是因为想要让他们两位老人家知道有他这么一号人物，在他们心中先留下一个有礼貌的好印象，而且现在的父母都为自己儿女的终身大事日日夜夜地担忧，每次打电话都会问问有没有什么情况，有没有合适的人选，这时你身边的他一声礼貌的问候，无疑就是在往枪口上撞的感觉，至少对于你来说是个枪口，对他来说可能是个难得的机会。这么做不仅仅可以在你父母面前保持一个良好的印象，还可以在下次跟你见面的时候又多了一个可以聊的话题，比如“最近你爸妈怎么样啊？身体还健康吗？”等等。

所以你身边的某个人如果突然开始关心起你的家人，而且好像还表现得很积极的样子，那你就应该留意一下他最近对待你的态度是不是与从前有所变化了，是更好了还是更细腻了，或者是其他的改变，然后再根据他的表现来决定你下一步的打算。其实用这种方式来暗示对你的爱意的人，在人品上应该还是不错的，至少他在很多方面会考虑到父母的存在，所以如果你的家人真的有跟你再提起他的时候，不妨和他们说说对方的情况，也许过来人可以给你传授一些以往的经验也说不定。

第十六章

职场的察言观色：领导信号

领导的眼神

都说眼睛是心灵的窗户，我们在与人交往的时候，看着对方的眼睛是为了表示尊重。但是在职场上，很少有人能特别大方而淡定地看着领导的眼睛。领导的这扇“窗户”其实并不是有多可怕，这只是人们对于比自己职位高、富有的人的一种几乎是条件反射般的身体反应。就好像平凡的你被邀请去一幢富丽堂皇的别墅做客，你在看到别墅的外表的那一刻便产生了一种“啊，我哪里不如别墅主人”的想法，于是进到别墅里面也会变得小心翼翼，最起码会谨慎很多。同理，领导的职位比你高，这是他已有的外在的光环，所以你首先就知道“他是领导，比我位高权重”，所以你在面对他的时候，会很自然地用略低微的姿态，这代表对领导地位的肯定与你对领导的尊重。

然而，眼睛里所能传达的信息是其他面部表情与肢体语言所不能比的。面部表情与肢体语言都是相对而言很好控制的，甚至连最能直接反映心情的语音语调都可以有很好的伪装，但眼睛不行。眼睛是与心连在一起的，心里怎么想的，眼睛会先于大脑的反应而抢先将情绪表达出来。所以尽管我们对于领导有崇敬有畏惧，也应该及时地注意到领导的眼神变化。及时了解到领导的情绪，有助于在与领导交流的过程中，发现自己所处的情势，采取相对合适的方式表达自己的想法。

最常见的是在向领导做汇报时，领导总会有很多种不同的眼神。不看你，是觉得你不够分量令他抬眼；从上往下看你，说明他在你这有绝对的优越感；眼神四处飘，或者在做别的事，表示他心不在焉，根本没有听你在讲什么；坦率地看着你，是说他觉得你不错，很喜欢；目光灼灼地盯着你，代表他在观察你以获得更多的信息……当你准确地捕捉到这些细节时，你就可以更加从容地面对你的领导了。

领导的个人素质透出能力

一般来说，夸奖一位领导能力强，不单单是指个人能力，更多的是指他的管理能力。身为一个领导，自己亲自把事情做好不重要，领导一个团队共同将一项任务完成好才是重点，否则大家都是员工了，还需要什么掌控全局的领导？

一个领导的管理能力好体现在职员都听从他的安排，各司其职，井然有序地按部就班地执行任务。可是职员凭什么要听领导的话？你真的以为仅仅是因为“领导”这个职称一定位高权重所以必须听从吗？不要忘了我们可不是资本主义社会。职员会听话，一方面是因为领导的话是正确的，另一方面也因为领导个人魅力足够大，职员们愿意去听从他的指挥。个人魅力并非不重要，也有一些例子是虽然领导的方针正确，但因为人缘不好，职员们不会心甘情愿地为他办事。而个人魅力这种东西，就像气质一样，无法立刻拥有，只能经过长时间沉淀而成，这全凭个人平时的素质修养的提升。

个人素质可以通过读书来养成。这里的“书”并不是指狭义的专业内容，而是包括了天文地理、人文社科等各个方面的知识。一个人看过的东西多了，了解的范围广了，思想也会随着发生变化。在积累这些知识的同时，他也能慢慢拥有开阔的眼界与宽广的胸襟，慢慢懂得要怎么面对生活中的各种事物才是最能令所有人舒适的。

个人素质沉淀下来反映到人本身，得到的便是个人魅力。当领导有了很优秀的个人魅力，收服人心就成了很 easy 的事情，他已经掌握了如何让他人心甘情愿地为他工作的技巧。如果你的领导让你觉得他很好很强大，那么恭喜你，他的个人素质一定很高。你可以放心地在他手下工作，而不用担心有那些“上司不爽随便找人撒气”等类似的可笑事件发生。

领导的城府很深

人说“伴君如伴虎”。这句话在古代常用来形容皇帝与大臣之间的相处模式，是说陪伴君王就像陪伴老虎一样，君威难测，随时都可能有杀身之祸。这充分说明了掌权的大人物心思难猜，喜怒无常。

在现代，用这句话来形容职场中的上下级关系依然合适。领导之所以令人敬畏，不只是因为他的职位比你高，更是因为其本身给人的印象通常是城府很深的，好像总是在计划着什么的样子。对方好像总是在打你的主意，你的什么情况都在对方的掌控之中，对方只要想就能把你怎么样的这种感觉，实在是不太好。

举个例子，当你进领导办公室汇报工作时，领导总用一种考量的眼光看你，给你一种无形的压迫感，于是你紧张起来，生怕说错或做错了什么惹得领导不高兴，战战兢兢地讲完了之后，领导再甩出一句意味深长的话让你猜不出什么用意……你是不是快要崩溃了？领导这到底是什么意思？行还是不行啊？每当这个时候，你是不是都会觉得领导的城府太深了，在想什么、计划什么，别人都完全看不出来？

其实领导确实是在想着什么，他们的脑子里一定在快速地转着，但不一定就是有什么心机。只要你不是领导特别针对的人，他完全没有理由对你要什么心机，看起来城府很深其实只是思考得很深沉。身为领导一定要想得比一般职员多很多，以更好地完成工作指标，否则会出现很多意料之外的问题，到时再应对便会手忙脚乱甚至根本解决不了。领导必须要多想一点，未雨绸缪，以防止这种情况出现。

而当职员们看到领导每件事都想得如此之多时，就会觉得似乎领导城府很深、心机很重，其实这只是他身为领导工作的一部分，并不需要特别在意。

领导就爱摆架子

你是不是觉得每个领导都特别爱摆架子？跟你说话时总用那种命令的语气，端着架子，时刻提醒着你，你是在跟领导讲话。这种现象无疑会引起员工的反感。大家都是人，虽说你是我的领导，但你最起码要拿我当人看，而不是只会工作的机器。

我相信，很多遇到蛮横领导的员工都有过这样的想法。但是你有没有想过，有时候领导摆架子也会是一件很无奈的事情？

在上大学的时候，一定参加过社团吧？就算没有，也曾经见过那些社团负责人是怎样开会或者分配任务的吧？在学校里，就算是社团的领导，对于那些新进来的小孩儿来说，也不过就是学长学姐，而所谓的学长学姐们，除了比他们多吃了几年食堂饭之外什么都不算。所以身为学长学姐的社团负责人，一定不能用企业领导般的命令口气对他们说话，不仅治不住他们，还会使他们直接撂挑子走人。

但是在真正的企业中，怀柔政策真的有用吗？

尤其社会发展到现在这个阶段，个性如此之强的人肯定不会像以前那样，面对领导恭恭敬敬甚至唯唯诺诺。领导温和一点，他们就会以为领导很好说话甚至很好欺负，然后做出很多令领导为难甚至反感的行为。为了避免这种现象，很多领导都要拿出一点领导的威严来管住他们。这个时候威严就有用了，因为公司不是社团，不是想来就来、想走就走的地方。

所以很多时候，领导们摆架子也是很无奈的。他们也会想和下属亲近一点，但又不敢，害怕真的管不住，到时就晚了。那么就在一开始拿出点气势，明确地告诉他们我是领导，你要听从我的管理。这样不夹带私人感情正是工作所需要的态度。

不要觉得领导摆架子有什么特别的意义，很简单的，这是正常现象。他不是针对某个人或者其他什么，只是工作需要罢了。

领导中意的服饰品牌

每个品牌都有它们自己的故事以及自己的风格，特别是那些享誉全球的著名设计师设计的作品，每一件都承载了他们的思想与情感。看懂了一件衣服就像看懂了设计师的那一段故事，那一段感情。

领导们的经济能力一定不是我们这些小职员们可以比的，然而这不是说他们就一定喜欢买那些被普通人称为“奢侈品”的大品牌。每个人喜欢一个品牌，都有一定的原因。绝大部分的原因与服饰本身的设计当然不无关系。正装、休闲装、混搭风、英伦风、严肃的、浮夸的……各种各样的穿衣风格、搭配元素，一条领带或者一条手链，都能塑造出一个不同气质的人。从这些日常穿着中便可以察觉到领导是哪一种性格或者类型的人。比如男性领导总是被要求穿正装打领带，而领带正是最能体现一个男人的个性的配饰。如果领导穿的西装并不是很死板的款型，领带也偏向亮色，这说明领导的年纪一定不大，最起码心理年龄不大，他或许本身就是活泼的性格，也或许是个有些轻浮的人，总之是给人不够稳重的印象。

但这只是其中一个方面。另一个不可忽视的理由，便是每个品牌背后蕴含的意义。当人有了一定的社会地位的时候，他们便会有意识地寻找与自己身份相符的相关物品，这样才能将自己更满意的样子呈现给身边的人，包括上级及下属的眼中。大家都知道，印象分是人们对另一个人做出评价时的重要影响因素，也许它不刻意，但它一定存在。所以从领导呈现出来的自我的样子，我们可以看出领导的某些喜好，这样有利于我们在职场中与领导更好地相处，而不至于踩到雷区而不自知。

领导的偶像

提到偶像，不要只想到现在娱乐圈内光彩熠熠的众多“星星”。不论是哪一个圈子，金融圈也好、文学圈也好，每一个人都有可能成为别人的偶像。

偶像的力量是不可忽视的。如果恰好你的领导有一位非常喜欢非常崇拜的偶像，你一定要好好了解一下这位偶像的背景，也要分析一下他是在哪些方面吸引了你的领导。

崇拜偶像就像暗恋一个人。喜欢他，便想要变成他。他吸引你的那一点一定是你所不具备的特性，也许在性格方面，也许是丰富的人生阅历，也许是经历磨炼出来的处事手腕。总之他的身上一定有你想要为之奋斗然后达到的目标。

领导也是普通人，喜欢一个人的理由也不会特殊到哪里去，所以你可以对比一下你的领导与你领导的偶像，看看他们的共同点在哪里，差异又在哪里。当你对领导的偶像有了很深刻的认识时，你甚至会发现你的领导正在慢慢地变成他的偶像那样的人，小到说话方式，大到为人处世。因为喜欢他，便想要变成他。你就可以像一个先知一样，预知领导在面对一些问题时会采取的态度，然后调整自己的工作状况，以更好地融入整个团队。

从另一方面说，了解领导的偶像也会对你本身有积极的影响。你可以看看领导的偶像能不能成为你的榜样，进而学习他的优点，完善自我。当你的领导发现你拥有和他的偶像相同的特质时，他会对你多加一些关注的，这无形之中就为自己争取到了更多的机会。甚至如果你的领导发现你们拥有了同样的思想理念、同样的奋斗目标，在未来的某一天，你们也许会成为关系非常亲近的伙伴，这样你不只获得了很好的工作，还找到了一个可以与之共同努力的知音。

领导的笑容

在你还是小孩子的时候，有没有经历过你喜欢的大人对你笑一下，你便开心一整天这样的事？

其实在企业中，领导应是处在受人尊崇敬爱的地位的。在新进职员的眼中，他们在面对领导时，就像一个小孩子，而领导就是那位被喜欢的大人。每个新人都会希望受到领导的喜欢与赏识，如果领导对他们笑一下，那真是给了他们莫大的信心与鼓励。他们会因此信心倍增，更加努力认真地完成工作任务，这就增加了工作效率与工作质量，对团队是很有利的。

但是很遗憾，我们发现企业中很少有领导会经常露出春风般的笑容。他们似乎有一个非官方的共识，便是要严肃，不能笑。所以我们看到的领导基本上都是一样的威严或者面无表情。想在他们脸上看到如此亲民的表情，简直太难了。就算我们从很远的地方就向领导露出了灿烂的笑容，在从身边经过的时候，他也许只会以一个轻轻地点头回应你，算作打招呼，更有甚者只是看你一眼就继续走过去了。如果遇到这种情况，请你在郁闷之后打起精神告诉自己，要继续努力到领导对你露出欣慰的微笑。因为那是领导们的共同规律，你没得话说。

领导在打电话

除非是真正在职场上摸爬滚打成了精的老油条们，一般的领导在打电话时的语音语调与面部表情还是会透露出很多当时的情绪信息的。

如果你想知道领导给你打电话时，不掺情绪的话语里究竟是个什么情绪，这就需要你平常对领导多多观察了。如果领导的面部表情没有变化，那么就听他语气里有没有情绪波动、语速有没有变快或者变缓、音调较平常有没有更高亢或者更低沉；如果声音平平无奇，那就观察他的面部表情有没有改变、眼神有没有晃动、身体有没有下意识地做出某些动作。观察时间久了你总能总结出一套经验，以应对将来领导也许会打给你的电话，这会让你心里有一点底，而不至于慌慌张张地出糗或者犯错。

而通过领导打电话时的用词方式与态度，也能判断出领导是在给哪类人打电话。给家里人打电话会温馨一点，语气平缓，态度积极，带着商量或撒娇的口气等；给他的上司打电话会更恭敬，用语相对书面化，表达的条理清晰；给下属打电话也许正在生气，口气急躁，态度相对不客气，有显示权力的口吻在里面，也许很高兴，声音柔和了些，受心情影响，声线也会相对变得更有磁性。

多多观察领导在打电话时的习惯反应与习惯用语，可以让你更加了解你的领导是个怎么样的人。情绪经常有波动变化，说明是外显型领导，容易把情绪显示出来；面部没有什么表情但眼神经常浮动，声音较平常更加低沉，说明是很有城府的领导，不外露，心机重。像这样观察总结下来，你还会惧怕你的领导捉摸不定的情绪吗？

领导的个人性格

一个人性格的形成，与其先天基因有关，与其后天影响也密不可分。一个人的家庭环境、成长环境都决定了这个人性格形成的方向。当一个人性格基本形成时，他在生活、工作上的处事方式都会带上他自己的个人色彩。如果这个人的社会地位够高，他还会进而影响到自己所接触到的人的处事方式。

“什么样的将带什么样的兵。”这句古语就完整地诠释了一个领导对于其工作团队的影响力。一个好的领导，一个得人心的领导，是有能力并且有资本让与其共事的人追随其脚步，团结一致的。随和的领导营造的一定是一个温馨的环境，大家互帮互助其乐融融，会有小摩擦，但不会钩心斗角；严肃的领导会使得整个办公室的气氛相对紧张一些，这是他们严谨认真的工作方式所致，神经高度紧张可以使办公室的整体效率提高，但也要注意不能紧张过度，使职员们的心理压力过大，造成不好的影响；激进的领导所带领的团队也许是最上进的，他们会有比较大的野心，不满足于现状，致力于追求更高层次的完美，这对于提高个人能力无疑是很有帮助的，但相应的也会埋下内部暗潮涌动的因子，好的方向是良性竞争，但走歪了便成了恶性的双面行为——人前相亲相爱，人后恶意中伤。

在职场中，为了自保——或者应该说为了更好地处在那个环境里，职员们应该先了解一下领导的性格，他平常所习惯的处事方式，以免触到逆鳞或者遇到问题时找不到好的解决方法而使自己遭受不必要的损失。职员只能慢慢地去磨合自己以习惯领导，而不会是领导来适应每一个职员，所以抓住领导性格里面的重点，便能让自己在未来的工作中减少很多麻烦。

听懂领导的暗语

身在职场，我们不得不学会的一件事就是“听懂暗语”。

很多职场新人都会犯一个通病——总是很单纯地听对方的话，很单纯地实行话所显示的表面的意思。就好像一个广告设计新人，他完成手里的设计文案以后，拿给领导看。领导颇有深意地看了他一眼，说：“你问过别人的看法吗？”他感到很疑惑，觉得只要完成任务就好了，为什么要先问问别人的意见？可是他还是问了。于是一个关系比较好的同事好心告诉他：“领导这么说是因为他对你的设计不满意，你还真问了呀？”直到后来他才反应过来，类似于这种话，其背后所暗含的意思绝对不是“认为可行”，而是为了不想伤你的面子，在委婉地告诉你“这绝对不行”。

在职场中，有很多时候，领导们说的话都不能只简简单单地听其表层含义，那其中更深层的含义才是领导们所希望你听出来的。

又例如在一个小组任务中，你的能力很强，总是处处严格要求自己，在团队中绝对是做得很多，较其他人非常出彩的人物。于是考核时，你的业务量也是最高的。这时领导对你说："你的个人表现很突出。"你认为这是夸奖你吗？应该是的吧？领导不是承认我的能力强了吗？可是亲爱的朋友，你别忘了，这是一个小组任务。在小组任务中最重要的个人技能便是团队合作，所以得到领导这样的评价，你还是要好好想一想领导的用意。所以你在今后的工作中，一定要注意你的行为，懂得收敛锋芒，懂得与他人合作。"枪打出头鸟"，这句俗语可不是说说而已。如果你的行为过于显眼，不只会引起共事伙伴的反感，也许还会导致领导的提防以至于疏远。

关注领导的微博

在这个网络高速发展的社会，QQ、人人、微博等空间已经成为大家交流必不可少的工具。认识的不认识的，网络可以分秒间拉近你我的距离。想要了解一个人的近况，去他的空间逛逛吧，他的工作、他的生活，一切尽在动态中。想要知道他的兴趣爱好，去微博看看他的关注，有人关注明星，有人关注口才，有人关注学英语，有人是婚纱控，有人还在心理疗伤。根据一个人的动态，可以分析他的性格、心情和心理。

若想更深一步地了解你的领导，网络就是必不可少的了。若是作为一个领导这些交流工具一个都没有，那一定是落伍了。关注领导的微博、人人，关注领导的动态。一个喜欢什么都不关注，什么都不发表的领导，微博对他只是摆设；一个人若是整天发发牢骚，沉浸在自己世界之中，岂不成了“闭关锁国”，谈何进步，而且这个人的心灵也是脆弱不堪一击的；若是把每天开心的、不开心的、工作上的、生活上的一切与大家分享，怎么不让人感到温馨。偶尔几张萌宠乐逗的图片，让人感觉这个领导亲切风趣。若是把关注的一些书籍、人生等话题广播给大家，丰富自己知识的同时给大家也带来方便，这样的领导不就是学识渊博、平易近人型的嘛。如若领导习惯性的鼓励评论员工动态并给予建设性意见，与这样一个经验丰富的领导做朋友是我们修来的福分，必须珍惜，这样的朋友那更是可遇不可求。言而总之，关注领导微博空间，分析领导性格，对你的工作和处事会有很大帮助。

领导训话

人非圣贤孰能无过。大家在公司里都会犯大大小小的或轻或重的错误。上班迟到了，拿错了开会用的文件，打印的东西突然不见了，丢三落四的毛病又犯了，主任找你有事偏偏忘记了……不能说运气是好或坏，犯错的时候恰恰被领导撞见了，情况会有以下几种：

“×××，怎么最近总是看你犯错呢，自己注意啊。”领导当着一个部门的面说出了责怪的话，当事人必定感觉很丢脸，虽然自己有错，但怎么就摊上这么一个不给人面子的领导？说是“走自己的路，让别人说去吧”，但能有几人不去在乎别人的眼光呢？其实如果领导扫一眼以示下次注意，只有当事人知道，也能起到相应的效果，同时还能赢得员工的尊重，这个的确是心理战术。

“×××，是不是最近状态不好，注意休息啊。”领导一句关怀的话，让人倍感亲切，还会回一句“谢谢领导关心”，并且一天都打鸡血似的工作。而且在部门也会引起蝴蝶效应，大家甚至忽略谁犯错了，直接转向咱领导真是平易近人，够体贴。

更多情况下，领导会选择视而不见，可能认为这种错误很多人都会犯，不去在意，或者在心里记下一笔你的小纰漏。只要员工自己注意不去多想，下次拿其他的来弥补，这些都不是问题的。

有一种领导或许扮演了人力资源部门的角色，对员工近期的工作进行考察总结，哪些需要改进，哪些值得表扬，并提出一些建设性意见。自己的直属领导对员工的评价往往比人力部门更具有针对性和可行性，这样的领导又怎能不让人尊敬。

领导在酒场上

不否认现在很多生意都是在酒场上谈出来的，很多交情都是在酒场上喝出来的，有句话描述得很确切，“一切尽在酒杯中”。在此有三种场合：生意场、部门聚餐、陪领导的领导。

在生意场上，切莫贪杯，不忘初衷。最终目的是要签合同，领导最后一定要保持清醒状态，一般领导要把握自己的量，觉得自己差不多时应示意属下挡下酒，然后开始牵引到合同问题上去。其实喝酒只是走个过程，合同之前彼此双方已经确定利益关系了。当领导喝酒正酣迟迟没有发出信号时，你要见机行事，挡酒或者耳语征求下领导意见，洽谈合同。酒场上需要的就是酒量和应对，是一种表现和发挥口才的机会。

部门聚餐，作为领导讲几句总结性祝贺的话，然后大家随意。喝酒套交情，跟领导多聊聊，平时在部门没有机会面对面聊天，此时要把握机会。领导身上一定有许多需要学习的地方，多注意观察，切莫贪杯。若是领导喝高了，那是被员工灌醉的，情有可原。但是员工喝醉了，就是不懂事贪杯的表现。酒品不好还丢脸，得不偿失啊。

领导参加的酒场必定比你多，能有机会和领导一起去这种场合，最重要的还是学习，量力而行，你的首要任务还是照顾自己的领导，注意不要酒驾，酒驾危害大，安全最重要。

第十七章 修养体现在每个细节：礼仪信号

打招呼体现素养

当你进入宴会现场，且是一个人出席的，第一件事肯定是寻找认识的人。找人的时候你会遇到一个重要的社交礼仪——与他人打招呼。

当你发现了一个目标（认识的人），无论他是离你很远还是离你很近，都不能大声地喊出对方的名字，应当慢慢地走到对方的身边，但还有一点要注意，就是不能用手重重地拍对方的肩膀或拉扯对方，这样会吓到对方或者让人觉得你不够礼貌。一般来说，如果双方是比较熟悉的朋友就可以选择轻轻地抱一下、碰一下脸颊（千万不要选择深情的拥抱，因为这样会弄乱彼此礼服的装饰）。如果是两位女士打招呼，也不要出现夸张的姿势，比如大声地使用一些象声词，如“哇”“啊”“咿”；以及踱着急促的小碎步或者击掌，这些都是不高贵、不大气的表现，除了让人觉得你的素养不够外，还会使得主办方觉得没面子，所以在宴会上应当尽量避免。

聊天的内容要讲究

我们常常会看到这样一个对话场景：在一个高档的聚会里，有两个同乡用自己的方言在叽里咕噜说着什么，他们脸上的表情异常兴奋，但同桌的人根本不能插上话，脸上也露出不愉快的表情。毫无疑问，能够在他乡遇故知是人生一大喜事，遇到可以说同样方言的人当然会有一种亲切感了。那么在公开的社交场合里，能不能用方言与同乡交谈、联系感情呢？答案也许会让你失望，那就是不能。我们都知道，社交场合是拓展人际关系的最佳舞台，通过社交场合，你可以认识到不同生活背景的朋友，并可以通过交流来丰富心灵、拓展视野。所以在这种情况下，每个人都要扮演一块吸引力强的“磁铁”，尽量吸引更多的人、被别人吸引，达到交谈的共鸣。如果在一个宴会上，有一个人用一种你完全听不懂的语言和你说话，你会不会感觉到自己不被尊重呢？所以相同的道理，你用方言和别人说话，别人也会有同样的感觉。如果还是用方言讨论隐私的话题，那更是严重触犯了国际礼仪的禁忌。但方言也不是就无用武之地了，只是要看在什么场合。如果是同乡会聚餐，那讲方言就是所向无敌了，不仅有助于凝聚力，还可以拉近大家的距离，说说又何妨。但是在公开的聚会场合，还是要尊重大家的习惯，使用普通话交流。如果你是一个新晋的白领就更应该融入大家的氛围中，不要在团体中孤立别人，不然到头来会发现是自己被孤立了。

要学会应对尴尬

有时候的宴会气氛是热闹的，比如一些派对，会遇到这样一个尴尬的情节：有一个陌生的面孔突然跑过来与你打招呼，但你却怎么也想不起这个人该怎么称呼，把自己的处境弄得很尴尬。这时候的你应该怎么做？是顿时涨红了脸不知所措，还是直接问他怎么称呼？想想这两种办法都不适合。

其实要应对这样的尴尬场面首先要保持冷静，眼神中万万不可流露出不认识对方的神情，因为这会让对方觉得你很不懂得社交礼仪。其实还是有不少技巧性的交流方式，可以帮助自己恢复对对方的记忆。

通常有三招：第一招就是“好像上次和你见面的时候，头发没有这么短吧?”当你把似问非问的语句抛给对方时，对方大多数时候会自报家门地回答你：“是啊，你说上次××派对上的我是吗?”第二招就是将身边的朋友介绍给这个面孔熟悉的陌生人，这样他们双方肯定会进行自我介绍，你自然而然就知道他的名字了。最后一招就是利用互留手机号码的方式，可以说：“咦，上次我们见面没有留彼此的联系方式啊。”然后主动递出名片，他肯定会回递他的名片，这样你也得到了想知道的信息了。

香槟应该怎么喝

参加一些派对式的宴会，现场就会有服务生准备好一些香槟、果汁等饮料，在会场里面随时提供给有需要的宾客。如果你是现场的宾客，想喝一杯饮料，这时候你需要注意些什么礼仪呢?

如果服务员在离你很远的位置，而你又觉得口渴，这时候千万不能大声地叫他，尽量忍一忍，等服务员走到你这边的位置；实在忍不住了，你可以选择委婉地走上前去。一般来说，这些派对、宴会的服务员是经过专门训练的，他们所走的路线也是事先安排好的，绝不会有疏忽遗漏的角落，所以除非是不可以忍受的情况下，还是少安毋躁，等服务员询问你："小姐，需要来杯香槟吗?"这时候再优雅地伸出手来拿饮料。

接过酒杯的手势也不能马虎，绝对不能用整个手抓住杯壁，正确的办法是用纤细的手指轻轻地捏着杯柄，这样不仅可以展现你的优雅气质，也不会因为手的温度破坏了香槟原本的口味。

此外，在喝香槟时还有一个小细节需要注意。参加派对的女士肯定会化妆，而涂抹的唇油或唇蜜很容易沾到杯子的杯口。在杯口留下口红印是一个颇为不雅的行为，有个小技巧可以帮你化解这一难题，就是利用舌尖瞄准需要下口的位置，轻轻地舔一下，然后再喝一口香槟，你就会发觉杯口的口红印不那么明显了。另外还有一点需要注意，必须要控制酒量，千万不能因为喝高了而让自己失态，这样先前的优雅就白费了。

选择小食需要礼仪

一个派对上除了会有服务员提供一些饮料以外，还会提供一些精致的一口小食，通常是小甜点或者小开胃菜，一口一件。在吃这些一口小食时也是有讲究的。我们经常在一些喜剧里看见的路人甲闯入宴会现场，哪里有小食哪里就有他的身影，抱着盘子大口大口地吃，正餐了却频频打嗝，这样的场面是绝对不允许出现的，狂吃快吃挑着吃会显得你很没有礼貌。我们应当认识到派对上提供的这些精致小吃并不是为了填饱肚子的，而是让宾客在喝酒前先垫一垫肚子，不至于马上喝醉，就像开胃菜一样，小食只是派对上一个必不可少的环节，所以贪吃的事情切莫发生。

当服务员端着品种纷繁的小食走到你面前时，你也不要马上愣在那里，摆出一副饿得发晕的姿态，而是要迅速决定选择哪一个，一次拿一个，千万不要站在那里东挑西拣，这样会使自己失礼。小食也要挑选容易吃的，不沾手的，越小口越好，以防别人要跟你说话时，你嘴里却还有东西。

与人群保持 1.5 米距离

为什么与人群的距离是 1.5 米，而不是 1 米或者 2 米呢？且看下边这个例子。

有这样一个实验：心理学家在一个大阅览室里，选择那些独坐的读者，心理学家就拿着椅子坐在他（她）的旁边，先后进行了 80 人次的试验。结果证明一个问题，没有一个读者可以容忍一个陌生人紧挨着坐在自己的旁边。当心理学家坐在他们的旁边时，有不少人会默默地移到别处坐下，甚至有人会直接问：“你要干什么？”

这个实验很好地说明了个人交际距离的问题，即人与人之间需要保持一定的空间距离，这个空间最好是在 1.5 米，即使最亲密的人之间也是一样。当你身处一个社交场所，你不可能选择与他人紧紧地抱在一起，或者是勾肩搭背，因为这样的行为在别人的眼中是不礼貌、不高贵的。在正式的场合里，要表示自己的感情，可以选择握手、轻轻地拥抱或者敬酒，而这些行为的前提就是要保持适当的距离。所谓距离产生美，不仅是一种社交礼仪，也是一种处世之道。

保持独立精神

在社交场合里，如果你没有一点个性，那会被所有人忽略，如果你的个性太过夸张，也会让所有人对你的印象大打折扣。那这个“个性”的度应该如何拿捏才最恰当?

在出席社交场合之前，你就要给自己一个明确的定位，先给自己贴上个性的标签，当然这些标签是正面的，包括庄重内敛的气质、谨慎的态度、有涵养的风度、高贵以及能赢得别人尊重的各种优良品质，还有一条非常重要的标签就是——独立精神。因为你去到一个社交场合，不可能永远不表态，永远只是点头哈腰的那一个，你与别人交流时也需要表达自己的意见和建议。作为一个有涵养的社交高手，懂得把自己的个性适当地表达出来，才是社交礼仪的精髓。

这种个性并不是哗众取宠的夸张行径，而是真正可以展现个人特色的东西，比如选择一款合适的香水，不是香奈儿的 NO. 5 知名度高，你就必须跟着用，而是要找出一款能够体现出你品位的香水，可以辅助你散发出自己独特的气质。应该这么说，每个人都有属于自己的独特味道，找到“最适合你的”那种味道才是关键的因素。

事先准备好要讲的笑话

一个幽默的人总是可以受到大家欢迎的，但幽默不是低俗、不入流的。在你展示幽默的同时要确保不会破坏在座诸人的情绪，而且还有一个关键的前提，就是保持自身的优雅。

有这么一个“幽默”的小故事。美国前总统小布什就是一个“不拘小节”而又容易出现口误的人。在2001年7月，他到访英国拜见英国女王时开了一个“幽默”的玩笑。小布什在晚宴上居然给英国女王乱取绰号，并且当着众人的面喊女王为“QE2”，即“伊丽莎白二世”的缩写，这么一喊让在场的英国女王顿时尴尬不已，不知如何应对；此外，小布什还将查尔斯王子称为“呆伯”，这是在笑话查尔斯王子的招风耳，尽管小布什认为自己的“笑话”是在展示自己的幽默感，但这一行为引起了女王的不满，但又无法表现出来。

从这个故事中可以看出，小布什想用自己的幽默缓解气氛的办法显然不奏效，因为他没有抓住英国人的性格，把自己在美国的作风带到了英国，当然是事倍功半了。所以我们在社交场合要展示自己的幽默时，第一步要摸清这个场合里大家的兴趣爱好，只能在恰当时候表现，免得让别人觉得你这个人没有分寸。事先准备好一些类似于外交辞令的万能答案和一些风趣、幽默的笑话应对场面，是很有必要，除了可以化解一些尴尬外，也可以加深别人对你的印象，但有一点还是要把握，就是拿捏分寸，千万别过分“幽默”了。

真诚待人最宝贵

在社交场合里，大家都会展示出最完美的自己，但这个完美是需要真诚的，你的穿着可以精心打扮，但你表露出来的性格和态度绝对不能“装”。在宴会上“装”是最不招人待见的，因为大家去到那里的目的除了相聚，还有相互沟通，如果你要“装”，那代表你根本不想融入大家的氛围里，这样做既吸引不了大家的目光，还会让大家对你的印象大打折扣。而且很多时候，“装”和傻是没有一个明确的界限的，也许你自己根本不知道你的行为在别人看来是傻还是“装”，可别人已经将你归类了。

既然“装”会招人反感，那么保持真诚的态度就是展示个人魅力最好的办法。一个人的内在气质是最宝贵的，每个人都有属于自己独到的闪光点，千万不要埋没了它，一个真正懂得与他人相处的人，绝不会因场合或对象的变化而放弃自己的内在特质而盲目地迎合、随从别人，或者是“装”出一副什么都不知道的样子，将人拒之千里，那样效果可能会适得其反。

当然，不仅在社交场合需要真诚待人，在其他场合里也都适用。记住一点，如果“装”可以成事的话，那也不会有这么一句歇后语：“鼻子里插大葱——装相（象）。”

坐姿讲究分寸

女士们肯定会把自己打扮得光鲜亮丽去参加宴会，但这身宴会行头肯定不是简单的套装，通常都是一件高贵的礼服，而参加宴会难免要坐下，这时候就会出现一些情况了。通常“坐着”这个步骤是女人们最担心的，因为怕这身高贵的礼服坐下去时好好的，站起来后却变得皱皱巴巴。为了避免出现这样有失身份的情况发生，女士们坐下时应该用手轻轻地压一下或撸一下礼服裙摆的后面，目的是让自己坐下之后，裙摆可以处于完全平整的状态。当然，坐的位置也是要讲究的，只能坐椅子的三分位置，而且后臀部一定要安分地待在一个地方，时不时来回移动是一个不雅的表现。

另外，除了坐下的时候需要技巧之外，当坐定下来，双腿的摆放位置也是有讲究的。正确的摆放方式是将双腿交叉，小腿呈一边倾斜的姿势，要注意到的是，小腿交叉的时候一定不能用力过度，如果把小腿上多余的赘肉挤出来就不雅观了。

男士着装要求

出席社交宴会，有一道重要的“工序”就是选择礼服，对于男士来说，通常都是选择晚礼服。而晚礼服的门道很多，从款式上分就有单排扣和双排扣；从领型分也有尖领、丝瓜领及一般西装领等。但无论你选择哪种款式，出席宴会的西装一定要选择领子是丝光缎面，裤管两侧也必须有两条丝缎饰带，再搭配上丝光提花质料的礼服马甲，如果不搭配马甲则必须使用与领结同材质做成的礼服腰封围在裤腰间，这样的穿着才算得上是绅士。

穿着男士晚礼服的原则还有：礼服搭配专用的竖领衬衫，再打黑领结，而且衬衫的颜色也有讲究，一定要簇新和非常雪白的，目的就是为了与礼服的颜色形成明显的对比。西服面料的颜色除了传统的黑色之外，银灰、白色、枣红及黑灰丝光织纹的各种礼服面料都是经常被选用的颜色。如果要严格的话，还要配上袖扣、礼帽、手套和光面的礼服鞋。但后面列举的几种配饰在现代社会已经没有这么讲究了。

英国的顶级裁缝们认为，一个男性要正确穿好一套西装，就必须要尊重西装的起源。要将一套小礼服穿得“绅士”，关键在于能不能将它的休闲感控制得宜，必须将自己的感情深藏不露才行。

女士派对着装要求

说到衣着，每个要参加派对的女士都会轻拍自己的额头，再说出一句：“这绝对是一个大工程。”的确，对于女士来说，参加派对的着装除了要展现自己的高贵大方外，还要能吸引住男士的眼光。因此，女士派对的着装要求则比较多样化，可以是一条拖地长裙，也可以是一条紧身短裙，颜色的选择也比较多，主要还是要与派对的主题相符合。而女士的着装配件是不可以随便的，往往是这些小细节的装饰让一个女士大放异彩。可以穿戴自己名贵的珠宝首饰，但是也不能过多，以合理搭配为主，一条名贵的项链，一对高档的耳环，一个珍贵的手部饰品，都是不错的选择，通过适量的饰品搭配就可以表现一个女士的品位和地位。

此外，还有几个细节需要注意。第一是切忌浓妆艳抹，因为高雅的派对里不需要“火鸡女郎”，这样不仅会拉低了你的身份，更会让主办方丢脸。第二是香水不可以过浓，以清淡为主，如果不好把握则不喷香水为佳。因为宴会通常都在室内举行，香水的味道过浓会引起其他人的不适；如果是一些正式的宴会，一般以进餐品食为主，过浓的香味会改变其他人对食物的欣赏，影响大家的食欲。

最后一个要求，无论你的穿着是多么高贵优雅，你的行为举止要与之搭配，不然的话别人会认为你这个人是“混”进来的，不上档次，从而也会把你“归类”了。

握手的礼仪

无论你身处怎样的社交场合，握手都是一个不可或缺的礼节，如何握手也是一门学问。

一、握手的次序

1. 男女之间握手。男士务必等女士先伸出手后才可以握手。如果女士没有打算握手或者不伸手，男士只需要向对方点头致意或微微鞠躬致意即可。而女士在男女初次见面时，可以选择不和男士握手，只是点头致意即可。

2. 宾客之间握手。作为主人向客人先伸出手是必须的、礼貌的步骤。在宴会、宾馆或机场接待宾客，当客人到达时，不论客人是男士还是女士，女主人都应该主动先伸出手。男主人也可以先伸出手，以表示对客人的热情欢迎。作为客人，告辞的时候应首先伸出手来与主人相握，在此表示“再见”之意。

3. 长幼之间握手。作为后辈，一般要等年长的先伸手，而且和长辈及年长的人握手，后辈都要起立趋前握手，并要脱下手套，以表示对其尊敬。

4. 上下级之间握手。还是以主人先伸出手为佳，在公众场合下级要等上级先伸出手。

5. 一个人与多人握手。如果一个人需要与多人握手，则要讲究先后顺序，一般遵从先尊后卑（即先年长者后年幼者），先长辈后晚辈，先女士后男士，先老师后学生，先上级后下级，先已婚者后未婚者，先职位、身份高者后职位、身份低者。

二、握手的方式

1. 姿势。为了表示礼貌，与别人握手时一定要站着，上身略前倾；右手手臂前伸，屈肘关节；张开拇指，四指并拢。

2. 神态。与人握手时眼神应专注，表达出自己的热情、友好。脸上应该带着微笑，目视对方双眼，并且口道问候。如果在握手时表现得漫不经心的话，别人就会觉得你不尊重他，你是一个傲慢冷淡的人。当别人主动伸手与你握手的时候，是不能拒绝的。一边握手，一边东张西望，甚至忙于跟其他人打招呼，这些行为都是对他人极大的不尊重。

3. 力度。握手时用力应适度，恰到好处，让人感到你是真诚的。如果用力过轻（如手指轻轻一碰，刚刚握到就离开，或是懒懒地慢慢地相握），就会让对方觉得你是在随便应付，从而感到不悦。一般来说，握手的时候力度大一点是表示热情，男人之间可以握的较紧，甚至另一只手也握上。也有人握住对方的手后大幅度上下摆动；或者握手时，左手握住对方胳膊肘、小臂甚至肩膀等；这些也是表示热情的握手。但有一点要注意，就算是热情，也不要握得太使劲，让对方感到疼痛就不好了。当然，男人之间的握手也不要显得过于柔弱，不像个男子汉。特别是异性之间的握手，要保持一定的力度，轻握是很不礼貌的，尤其是男性应该显得热情、大方。

4. 时间。握手的时间过长或过短都是不礼貌的表现，通常的时长是握紧后打过招呼即松开，大概 3～5 秒。但如果是很久不见的故友或者是敬慕已久而初次见面、至爱亲朋依依惜别，衷心感谢难以表达等场合，握手时间就可以相对长一些。在一些公开的场合，如列队迎接外宾，握手的时间一般较短。

接受名片需要讲究方法

在社交场合里，难免会遇到陌生的朋友，在双方自我介绍后，通常都会互相留名片。无论是递名片还是接名片，也是有讲究的。如果是单方面递名片的话，无论是递名片还是接名片，都应该用双手；如果是双方同时交换名片，则应该用右手递，左手接，并且在接过对方的名片后要点头表示谢意，最好再说上几句真诚的话，比如“幸会”之类的，并认真地看一遍名片上的相关信息，尽量将对方的姓名、职务（称）轻声读出来，这样不仅可以强化自己的记忆，也是表达对对方的尊重。

当这些步骤做完，就要妥善收好名片了。如果你随身带有名片夹，就应该放入名片夹里；如果没有带名片夹，就应该把名片放进上衣口袋里，或者可以暂时摆在桌面显眼的位置上，千万不要在名片上放任何物品，以免让对方误会你不够尊重他。

敬酒礼仪

有很多社交场合需要用酒来增加气氛，于是就有了敬酒这一个环节。如何敬酒才是最合理、最显得尊重他人的呢?

在中餐的场合里，在与对方干杯前，可以象征性地相互碰一下酒杯，碰杯的时候，自己的酒杯不能高于对方的酒杯，以此表示对对方的尊敬。如果是围桌的话，不方便走到对方跟前，也可以采用酒杯杯底轻碰桌面，用这种方式表示和对方碰杯。如果主人亲自敬酒干杯后，要回敬主人，和他再干一杯。

一般情况下，敬酒的顺序也是有讲究的，以年龄大小、职位高低、宾主身份为先后顺序。当你要去敬酒的时候，一定要考虑好敬酒的顺序，分清主次。如果要向不熟悉的人敬酒，也要先打听好对方的身份或是留意别人对他的称乎，避免敬酒的时候出错，造成尴尬或伤害彼此的感情。如果你有求于席上的某位客人，当然要对他倍加恭敬，但同一桌上有更高身份或年长的人，也要先给尊长者敬酒，再给这位客人敬酒，这样才不会使大家难为情。

也不是所有人都可以喝酒，比如因为生活习惯或健康等原因不适合饮酒，别人给你敬酒的时候，你也不能表现得不理不睬，应该委托亲友、晚辈、部下代喝或者以饮料、茶水代替。如果你是敬酒人，对方表明不适合喝酒，在对方请人代酒或用饮料代替时，应充分体谅对方，不要让对方非喝不可，更不要好奇地“打破砂锅问到底”，是什么原因不喝酒。切记，在公开的场合里问别人的隐私是相当不礼貌的事情。

西餐的敬酒方式和中餐有所不同，西餐一般都是用香槟来敬酒、干杯的。而且，只是单纯地敬酒，并没有劝酒这一说。而且他们的敬酒并不真正碰杯，更不能越过自己身边的人和相距较远的人敬酒干杯，特别是交叉干杯。

致意的礼节

致意是一种问候、尊敬的礼节，它是用非语言方式表示问候，也是最常用的一种社交礼节。通常用于相识的人或还没有深交的人在公共场合或间距较远时表达对彼此的心意。在致意的时候应该带着微笑，和蔼可亲，让对方觉得你是诚心诚意的。如果是脸上毫无表情或精神萎靡不振，那对方就会觉得你是在敷衍他。

致意的方式有很多，微笑、点头、举手、欠身、起立、脱帽等都是不错的方式。

1. 微笑致意

微笑是一个万能的表情，这种致意方式适用于相识者或只有一面之交者，以及双方处于同一地点，但彼此距离较近又不适宜进行交谈或无法交谈的场合。微笑致意可以不需要附带其他动作，只要两唇轻轻示意，也不用出声，就可表达友善之意。如果可以在微笑时加入点头示意，那么效果会更好。

2. 点头致意

点头（也称颔首礼）是一种常用的致意方法，它适用于在一些公众场合与熟人相遇又不便交谈时使用，或者是在同一场合多次见面、路遇熟人等情景，点头时应该带着笑容，眼睛要看对方，如果是戴着帽子的话就不适合选择行点头礼，或者先把帽子摘下来。

3. 举手致意

举手致意适用的情景和点头致意差不多，是一种与距离较远的熟人一种打招呼的方式。正确的做法是：举起自己的右臂，向前方伸直，右手掌心要向对方，拇指叉开，四指并拢，轻轻向左右摆动一两下就可以了，幅度不宜过大。

4. 欠身致意

欠身致意是指身体上部微微一躬，同时点头，是一种恭敬的致意礼节，多使用于对长辈或自己尊敬的人致意。运用这种致意方式时，身子不要过于弯曲。

5. 起立致意

在较正式的场合里，如果有长者、尊者要到来或离去时，在场者其他人就要起立表示致意。等待来访者坐下之后，自己才可以坐下；如果是长者、尊者离去，也要等他们离开后才可以坐下。

6. 脱帽致意

脱帽致意是在戴帽子进入他人屋里、与人交谈、路遇熟人、行其他见面礼、进入娱乐场所、奏国歌、升降国旗等情形下做的一种礼节，脱帽致意应微微颔首欠身，用距离对方稍远的那只手脱帽，将其置于大约与肩平行的位置，以使姿势看起来优雅大方，同时便于与对方进行眼神的交流。脱帽致意时，不要坐着，另一只手也不能插在口袋里。